Christoph Selig
CNC-Fräsen im Modellbau
Band 2
Die Portalfräsmaschine

CNC-Fräsen im Modellbau

Band 2: Die Portalfräsmaschine

Christoph Selig

vth Verlag für Technik und Handwerk
Baden-Baden

 Verlag für Technik und Handwerk
Baden-Baden

Fachbuch
Best.-Nr.: 310 2166

Redaktion: Peter Hebbeker
Lektorat: Dr. Frank Kind

Bibliografische Information der Deutschen Bibliothek:
Die Deutsche Bibliothek verzeichnet diese Publikation in der Deutschen Nationalbibliografie, detaillierte bibliografische Daten sind im Internet unter http://dnb.ddb.de abrufbar.

ISBN 978-3-88180-766-1

© 1. Auflage 2007 by Verlag für Technik und Handwerk
Postfach 22 74, 76492 Baden-Baden

Alle Rechte, besonders das der Übersetzung, vorbehalten. Nachdruck und Vervielfältigung von Text und Abbildungen, auch auszugsweise, nur mit ausdrücklicher Genehmigung des Verlages.

Printed in Germany
Druck: WAZ-Druck, Duisburg

Inhalt

Vorwort 10

1. Einleitung 12

2. Typen von Portalfräsmaschinen 14
    2.1. Feststehendes Portal, beweglicher Tisch 14
    2.2. Fester Tisch, bewegliches Portal 15

3. Größe der Maschine und Einsatzzweck 16
    3.1. Gravieren von Schildern 16
    3.2. Ausschneiden und Bohren von flachen Teilen 16
    3.3. Fräsen und Bohren von Leiterplatten 17
    3.4. Fräsen großer Teile aus Holz 17
    3.5. Fräsen von 3-D-Objekten 18
    3.6. Folienschneiden 20
    3.7. Fräsen kleiner Teile aus Buntmetall oder Kunststoff 20
    3.8. Zeichnen 20

4. Erforderliche Genauigkeit 21
    4.1. Positioniergenauigkeit 22
    4.2. Wiederholgenauigkeit 23

5. Führungen 24
    5.1. Profilschienen-Wälzführungen 24
    5.2. Rundschienen-Wälzführungen 26
    5.3. Laufrollenführungen 26
    5.4. Profilschienen-Gleitführungen 28
    5.5. Rundschienen-Gleitführungen 28
    5.6. Sonstige Führungssysteme 29
    5.7. Vor- und Nachteile der Führungssysteme 29

6. Achsantriebe 31
6.1. Zahnriemenantrieb 31
6.2. Zahnstangenantrieb 32
6.3. Kettenantrieb 32
6.4. Gewindespindel und Mutter 32
6.4.1 Trapezgewindespindeln 32
6.4.2. Kugelgewindespindeln 32
6.4.3. Wirkungsgrad 35
6.4.4. Spiel zwischen Spindel und Mutter 35
6.4.5. Selbsthemmung 36
6.4.6. Resonanzen und Verfahrgeschwindigkeit 37
6.4.7. Kosten 38
6.4.8. Spindellagerung 38
6.4.9. Spindelantrieb 38
6.4.9.1. Direktantrieb 39
6.4.9.2. Zahnriemenübersetzung 39
6.4.9.3. x-Achse mit einer Spindel 39
6.4.9.4. x-Achse mit zwei Spindeln 40
6.5. Auswahl der Schrittmotoren 41
6.6. Schwingungsdämpfer 44

7. Rahmen und Aufspannplatte 46
7.1. Maschinen mit Rahmen 46
7.2. Maschinen ohne Rahmen 46
7.3. Maschinen mit Rahmen, ohne Aufspannplatte 46
7.3.1. Aufspannplatte 47
7.3.2. MDF-Platte 47
7.3.3. Vakuumplatte 47

8. Grundsätzlicher Aufbau 48
8.1. Lage der x-Führungen 48
8.1.1. Oberhalb des Rahmens oder der Aufspannplatte 48
8.1.2. Neben dem Rahmen oder der Aufspannplatte 48
8.1.3. Unter dem Rahmen oder der Aufspannplatte 48
8.3. Ausführung des Portals (y-Achse) 49
8.4. Ausführung der z-Achse 49

9. Frässpindel 50
9.1. Oberfräse als Frässpindel 50
9.2. Aus Kleinwerkzeugen (Proxxon, Dremel) 50
9.3. Frässpindel im Eigenbau 50

10. Sonstige Überlegungen 52
10.1. Staubabsaugung 52
10.2. Gravurtiefenregler 52
10.3. Kabelführung und Energieketten 52

11. Die ausgeführte Maschine 54
    11.1. Konstruktionsprinzipien 54
    11.2. Aufspannplatte und Rahmen 55
    11.3. Verfahrwege 56
    11.4. Führungen der x-Achse 56
    11.5. Antrieb der x-Achse 57
    11.6. Portal (y-Achse) 59
    11.7. Führungen der y-Achse 59
    11.8. Antrieb der y-Achse 59
    11.9. z-Achse 60
    11.10. Führungen der z-Achse 60
    11.11. Antrieb der z-Achse 60
    11.12. Endschalter 60
    11.13. Kabelführung 60

12. Bau der Maschine 61
    12.1. Notwendige Maschinen und Werkzeuge 61
    12.2. Notwendige Fertigkeiten 63
    12.3. Die Zeichnungen 63
    12.4. Die Fotografien 63
    12.5. Materialien 63
        12.5.1. Aufspannplatte 64
        12.5.2. Strukturelemente 64
        12.5.3. Führungswellen 65
        12.5.4. Bewegliche Führungsteile 65
        12.5.5. Antriebsspindeln 65
        12.5.6. Spindelmuttern 66
        12.5.7. Spindellager 66
        12.5.8. Kupplungen 66
        12.5.9. Zahnriemenscheiben und Zahnriemen 66
        12.5.10. Schrittmotoren 67
        12.5.11. Energieketten 67
        12.5.12. Schrauben und Kleinteile 67
    12.6. Reihenfolge des Aufbaus 67
    12.7. Bau der z-Achse 68
        12.7.1. Grundplatte 68
        12.7.2. Führungswellen 69
        12.7.3. Wellenböcke und Führungsböcke der z-Achse 69
        12.7.4. Führungsböcke der y-Achse 73
        12.7.5. Spindelmutter der y-Achse 76
        12.7.6. Antriebsspindel der z-Achse 76
        12.7.7. Motorhalter 77
        12.7.8. Festlager Antriebsspindel 77
        12.7.9. Zahnriemenscheiben 78
        12.7.10 Handrad und Stehbolzen der Schutzhaube 78
        12.7.11. Werkzeughalter 78

12.7.12. Aufnahme für Fräsmotor 78
12.7.13. Montage und Justierung 78
12.8. Teile der Basis 82
12.8.1. Aufspannplatte 82
12.8.2. Querträger 82
12.8.3. Längsträger 84
12.8.4. Führungswellen 86
12.8.5. Antriebsspindel der x-Achse 86
12.8.6. Festlager der Antriebsspindel 86
12.8.7. Loslager Antriebsspindel 87
12.8.8. Motorhalter 89
12.8.9 Kupplung 89
12.8.10. Handrad 89
12.8.11. Halter für die Ablage der Energiekette 89
12.9. Teile des Portals 89
12.9.1. Grundplatte, Querjoch und Versteifung ablängen und auf Maß fräsen 89
12.9.2. Grundplatte 90
12.9.3. Querjoch 90
12.9.4. Versteifung 90
12.9.5. Seitenteile 91
12.9.6. Führungswellen 94
12.9.7. Führungsböcke der x-Achse 95
12.9.8. Antriebsspindel der y-Achse 95
12.9.9. Spindelmutter der x-Achse 95
12.9.10. Festlager der Antriebsspindel 95
12.9.11. Loslager der Antriebsspindel 95
12.9.12. Motorhalter 95
12.9.13 Kupplung 95
12.9.14. Handrad 95
12.9.15. Halter für Anschlusskasten 95
12.9.16 Profilverbinder 95
12.10. Montage und Justierung der Basis 96
12.11. Montage und Justierung des Portals 104
12.12. Elektrik und Verkabelung 109
12.12.1. Grundsätzliches 109
12.12.2. Praktische Ausführung 115
12.12.2.1. Anschlusskästen 115

12.12.2.2. z-Achse und Energiekette der y-Achse 115
12.12.2.3. y-Achse und Energiekette der x-Achse 117
12.12.2.4. Anschlusskasten der x-Achse 118
12.13. Konfiguration der Software 121
12.13.1. Grundsätzliches 121
12.13.2. Eingangssignale (Input Signals) 122
12.13.3. Konfigurieren der Werkzeugspindel (Spindle Setup) 123
12.13.4. Einstellen der Motorparameter (Motor Tuning and Setup) 123
12.13.5. Einstellen des Spindelspiels (Backlash) 125
12.13.6. Test der Konfiguration 126

13. Bau der Frässpindel 127
13.1. Spindel 127
13.2. Gehäuse 135
13.3. Motorflansch 139
13.4. Blockiereinrichtung 140
13.5. Abdeckscheibe 140
13.6. Halter des Spindelmotors 140
13.7. Montage 140
13.8. Anschluss der Elektronik 142

14. Test der kompletten Maschine 146

15. Anhang 150
15.1. Konstruktionszeichnungen 150
15.2. Bezugsquellen 150
15.2.1. Metalle und mechanische Bauteile 150
15.2.2. Elektronische Bauteile 151
15.2.3. Schrittmotoren 151
15.3. Internet-Links 151
15.3.1. CNC-Foren 151
15.3.1.1. Mach 2/Mach 3-Benutzerforum 151
15.3.1.2. Roboternetz 151
15.3.1.3. Peters CNC-Ecke 151
15.3.2. Private Netzseiten 151
15.3.3. Die Webseite des Autors 151

Vorwort

Leser, die den ersten Band: „CNC-Fräsen im Modellbau – Grundlagen und Elektronik", kennen, werden sich möglicherweise fragen, warum ich nicht schon dort den Umbau meiner Wabeco-Fräsmaschine auf CNC-Steuerung beschrieben habe. Tatsächlich hatte ich geplant, den Umbau der Wabeco und den Bau einer Portalfräsmaschine zusammen in einem Buch zu behandeln. Der Bau der Portalfräsmaschine gestaltete sich jedoch wesentlich aufwendiger, als ich es mir vorgestellt hatte. Insgesamt benötigte ich für die Konstruktion und den Bau rund neun Monate, daneben fertigte ich noch alle Fotos und Zeichnungen an und schrieb dieses Buch. Die Beschreibung des Umbaus der Wabeco hätte daher sowohl den zeitlichen Rahmen als auch den Umfang des Buches gesprengt, so dass ich sie mir für ein weiteres Buch aufheben musste.

Der Bau der Portalfräsmaschine hat mir sehr viel Spaß gemacht, vor allem, weil es nicht um den Umbau von etwas Bestehendem ging, sondern um eine komplette Neukonstruktion. Dabei waren eine Menge Schwierigkeiten zu überwinden, die auch zu einigen schlaflosen Nächten geführt haben. Am Ende konnte ich aber jedes Problem lösen. Herausgekommen ist eine Maschine, auf die ich ziemlich stolz bin und die eine willkommene Ergänzung meiner Werkstatt darstellt.

Wie schon im ersten Band gehe ich zunächst auf die grundsätzlichen Überlegungen ein, die für den Bau einer solchen Maschine erforderlich sind. Das beinhaltet unter anderem die unterschiedlichen Bauarten des Rahmens und der Aufspannplatte, die Linearführungssysteme und die möglichen Antriebskonzepte für die Achsen. Im folgenden praktischen Teil beschreibe ich, wo nötig bis ins Detail, die Anfertigung der Maschinenkomponenten. Auch der Zusammenbau der Maschine und die Ausführung der Elektronik werden genau beschrieben, ebenso die Konfiguration der Steuersoftware „Mach3" und das Vermessen und Justieren der fertigen Maschine. Wer der Anleitung folgt, wird als Ergebnis eine stabile, große CNC-Fräsmaschine besitzen, die fast allen Aufgabengebieten im Modellbau gerecht wird. Die Kosten des Materials sind mit ca. 1.000,- € zwar nicht gering, aber für eine Maschine dieser Größe noch moderat.

Wer die Maschine bauen möchte, sollte über ausreichende Kenntnisse der Metallbearbeitung und eine gut ausgestattete Werkstatt verfügen, so wie im Kapitel „Notwendige Maschinen und Werkzeuge" beschrieben. Aber auch wer sich den Bau einer solchen Maschine nicht zutraut, sondern lieber etwas Fertiges kaufen möchte, wird dieses Buch mit Gewinn lesen. Er kann dann nämlich besser beurteilen, was ihm angeboten wird und ob es sein Geld wert ist.

Mit den im Buch genannten Bezugsquellen habe ich keine geschäftlichen Verbindungen, außer dass ich ein zufriedener Kunde bin. Wo ich Preise nenne, entsprechen sie dem Stand des ersten Halbjahres 2006. Auf Grund der kommenden Mehrwertsteuererhöhung dürften sich wohl die allermeisten Preise ändern.

Die im Buch vorgestellten Konstruktionen und Schaltpläne sind mein geistiges Eigentum. Sie dürfen sie für Ihre privaten Zwecke frei verwenden. Für den kommerziellen Einsatz brauchen Sie meine schriftliche Genehmigung.

Zum Schluss die obligatorische Warnung: CNC-Maschinen sind wie alle Werkzeugmaschinen potenziell gefährlich. Auch beim Bau müssen Sie die Unfallverhütungsvorschriften einhalten. Speziell wenn Sie es mit der Netzspannung von 230 V zu tun bekommen, ist äußerste Vorsicht geboten. Wenn Sie nicht absolut sicher sind, was Sie tun, ziehen Sie einen Fachmann zu Rate! Autor und Verlag übernehmen keinerlei Haftung für etwaige Schäden, die durch den Nachbau und die Inbetriebnahme der in diesem Buch vorgeschlagenen Konstruktionen und Schaltungen oder durch die Anwendung der beschriebenen Vorgehensweisen und Verfahren entstehen. Sie sind als Erbauer allein für die Einhaltung der einschlägigen Vorschriften verantwortlich.

Sollten Sie Fehler und Ungereimtheiten in diesem Buch finden, dann schreiben Sie bitte eine E-Mail an info@einfach-cnc.de. Ich werde, im Rahmen meiner Möglichkeiten, Ihre Frage rasch beantworten.

Düsseldorf, im Dezember 2006
Christoph Selig

1. Einleitung

Unter einer Portalfräsmaschine versteht man eine Fräsmaschine, deren Fräskopf mit dem angetriebenen Werkzeug an einem Querbalken, dem Portal, angeordnet ist, und zwar so, dass er am Querbalken in die y-Richtung verfährt und zusätzlich eine Bewegung in die z-Richtung, also abwärts und aufwärts ausführt. Die Bewegung in die x-Richtung kann entweder das Portal ausführen, dann handelt es sich um eine Maschine mit feststehendem Tisch, oder der Tisch selbst verfährt, dann steht das Portal fest.

Die Vorteile einer solchen Konstruktion gegenüber den in Modellbaukreisen verbreiteten Konsol- und Tischfräsmaschinen ist, dass die Bearbeitungsfläche sehr groß ist im Verhältnis zu den Abmessungen der Maschine. Damit wird bei moderatem Platzbedarf die Bearbeitung großer, flächiger Teile möglich. Dazu gehören beispielsweise das Ausschneiden von Flugzeugrippen oder Schiffsspanten aus Sperrholzplatten, das Gravieren von Schildern oder das Fräsen von Leiterplatten. Das ist die gute Nachricht.

Die schlechte Nachricht ist, dass – soll die Maschine noch erschwinglich sein und in eine normale Modellbauerwerkstatt passen – die Konstruktion im Verhältnis zur Größe relativ leicht ausgeführt sein muss. Damit entfällt meist die Möglichkeit, härtere Materialien, wie Stahl oder Grauguss, zu bearbeiten.

Der Modellbauer muss sich also, abhängig von seinem bevorzugten Arbeitsgebiet, entscheiden, ob er relativ kleine Teile mit hoher Genauigkeit aus Stahl, Guss oder Buntmetallen fräsen will (z.B. beim Bau von Modelldampfmaschinen oder Modellverbrennungsmotoren), oder ob er großflächige, meist zweidimensionale Teile mit moderater Genauigkeit aus weichen Materialien herstellen will (z.B.

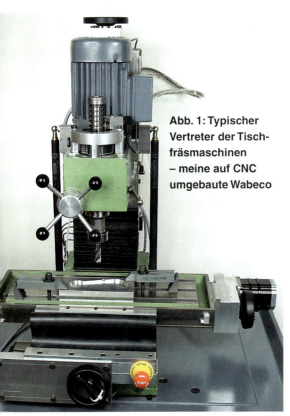

Abb. 1: Typischer Vertreter der Tischfräsmaschinen – meine auf CNC umgebaute Wabeco

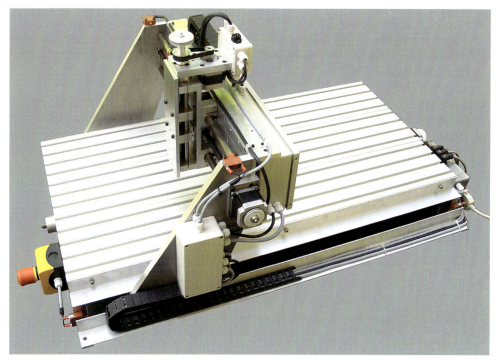

Abb. 2: Die in diesem Buch beschriebene Portalfräsmaschine

im Flugzeug-, Schiffs- oder Architekturmodellbau). Im ersten Fall ist die Konsol- oder Tischmaschine vorzuziehen, im zweiten Fall die Portalfräsmaschine.

Typische Tischgrößen von Tischfräsmaschinen, der im Modellbau wohl am meisten verwendeten Bauform, reichen von 450 mm × 180 mm bis 700 mm × 180 mm, die Verfahrwege der x-Achse reichen von 260–500 mm, jene der y-Achse von 150–180 mm. Das Gewicht der Maschinen bewegt sich in der Größenordnung von 100 kg. Dagegen hat die in diesem Buch beschriebene Portalmaschine eine Tischgröße von 1.000 mm × 480 mm und Verfahrwege von 750 mm in der x-Richtung und 460 mm in der y-Richtung. Die Portalmaschine ist dabei nicht schwerer als die Tischfräsmaschine.

Ein weiterer Unterschied ist, dass es Konsol- und Tischfräsmaschinen in der Basisausführung für den manuellen Betrieb mit Handrädern gibt, als Option wird gegen einen Aufpreis die Umrüstung auf CNC-Betrieb angeboten. Portalfräsmaschinen hingegen gibt es überhaupt nicht für den manuellen Betrieb, es sind immer CNC-Maschinen.

Betrachten wir die Kosten, dann stellen wir fest, dass eine für CNC-Betrieb eingerichtete Tischfräsmaschine in etwa das 1,5- bis 2-fache meiner selbst gebauten Portalfräsmaschine kostet. Sie haben also die Wahl!

2. Typen von Portalfräsmaschinen

2.1. Feststehendes Portal, beweglicher Tisch

Wie bereits erwähnt, kann bei der Portalmaschine entweder das Portal beweglich sein oder der Tisch. Der Vorteil eines feststehenden Portals ist die größere Stabilität. Weil das Portal nicht beweglich sein muss, können die Portalseitenteile sehr breit ausgeführt werden; sie sind dann am Rahmen der Maschine befestigt. Der Abstand zwischen den Linearlagern des Tischs kann ebenfalls sehr groß gewählt werden, praktisch so groß, wie der Tisch lang ist. Auch das gibt dem Tisch eine sehr große Stabilität. Der Nachteil einer solchen Konstruktion ist aber, dass die Länge der Maschine gleich der Tischlänge plus dem Verfahrweg der x-Achse sein muss, zuzüglich der Rahmenteile. Außerdem braucht die Maschine einen sehr soliden Rahmen. Damit kommt eine solche Maschine in aller Regel für den Hobbybereich nicht in Frage – in der Industrie werden solche Maschinen aber gebaut und erreichen, etwa für die Fertigung von Flugzeugteilen, oft enorme Längen.

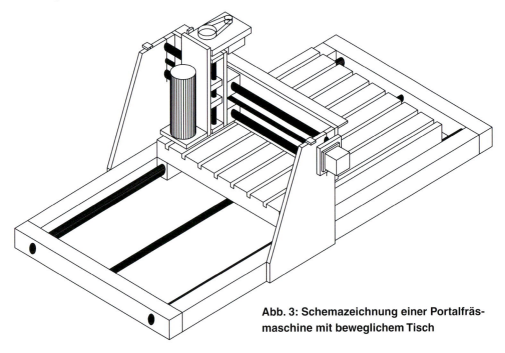

Abb. 3: Schemazeichnung einer Portalfräsmaschine mit beweglichem Tisch

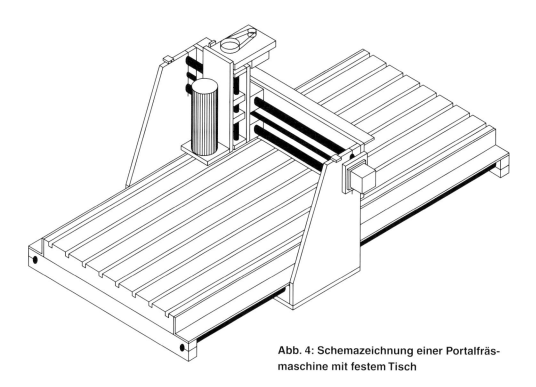

Abb. 4: Schemazeichnung einer Portalfräsmaschine mit festem Tisch

2.2. Fester Tisch, bewegliches Portal

Der feste Tisch bei beweglichem Portal ist die im Hobbybereich übliche Bauform. Die Länge der Maschine entspricht hier in etwa dem Verfahrweg der x-Achse plus der Breite der Portalseitenteile und der Rahmenteile. Die Tischfläche ist in etwa so groß wie der Verfahrweg der x-Achse. Dabei muss die Maschine nicht unbedingt einen Tisch haben, es gibt auch Bauformen, die nur einen Rahmen besitzen und zum Beispiel auf eine Holzplatte aufgesetzt werden, wobei diese Platte entweder selbst das Werkstück ist oder das Werkstück auf ihr befestigt wird.

3. Größe der Maschine und Einsatzzweck

Die Größe der Portalmaschine hängt von zwei Faktoren ab: dem größten zu bearbeitenden Werkstück und dem verfügbaren Platz. Während die Platzfrage leicht mit dem Metermaß in der Werkstatt zu klären ist, hängt die Werkstückgröße direkt vom Einsatzzweck der Maschine ab. Deshalb ist es wichtig, sich vor dem Kauf oder Bau einer Maschine Gedanken über ihren Einsatzzweck zu machen. Denken Sie auch daran, dass Tischfläche nicht gleich Fräsgröße ist, einerseits sind die Verfahrwege eventuell kleiner, andererseits brauchen Sie auch Platz für die Spannmittel, um das Werkstück zu befestigen.

Ich kann in diesem Buch die vielfältigen Einsatzmöglichkeiten einer solchen Fräsmaschine nur anreißen, um den Umfang nicht zu sprengen. In einem späteren Band will ich aber darauf genauer eingehen und zum Beispiel das Fräsen von Platinen oder 3-D-Modellen an konkreten, praktischen Beispielen behandeln.

3.1. Gravieren von Schildern

Das Gravieren von Schildern ist eine typische Arbeit für die Portalfräsmaschine. Das Material ist dabei meist Holz, Aluminium, Plexiglas und andere Kunststoffe. Die Ausführung ist im Prinzip zweidimensional; mit meist nur einer Zustellung ist die maximale Frästiefe bereits erreicht. Als Fräser werden Gravierstichel oder Fräser aus Hartmetall oder HSS eingesetzt. Die erforderlichen Drehzahlen der Frässpindel sind hoch, sie liegen zwischen 15.000 und 50.000 U/min, die erforderliche Leistung aber ist relativ klein. Ein Gravurtiefenregler sorgt dafür, dass die Frästiefe an allen Stellen des Werkstücks gleich ist.

Ein weiteres Einsatzgebiet und mit dem Gravieren von Schildern verwandt ist das Gravieren von Glas, zum Beispiel für dekorative Spiegel. Sie brauchen dazu ein Diamantwerkzeug, das mit Wasser gekühlt werden muss.

Die erforderliche Größe der Maschine hängt natürlich direkt von der Größe der zu fertigenden Schilder ab, das fängt bei Klingelschildern an, und nach oben ist kaum eine Grenze gesetzt.

3.2. Ausschneiden und Bohren von flachen Teilen

Der Unterschied zum Gravieren ist hier, dass der Fräser durch das Werkstück hindurchgeht und schlimmstenfalls im Tisch der Maschine landet. Sie müssen sich also Gedanken über eine Zwischenlage zwischen Tisch und Werkstück machen. Andererseits brauchen Sie keinen Gravurtiefenregler, weil die Frästiefe immer größer als die Werkstückdicke ist. Das Material ist auch hier, wie bei den Schildern, meistens Holz, Aluminium, Plexiglas oder Kunststoff. Als Fräser kommen, abhängig vom Material, Einzahn-, Zweizahn- oder Dreizahnfräser zum Einsatz. Als Faustregel gilt: Je härter das Material ist, desto mehr Zähne werden benötigt. Wichtig ist, dass der

Fräser „über Mitte" schneidet, man mit ihm also auch bohren kann. Andernfalls kann der Fräser nicht in das Material eindringen.

Auch hier hängt es natürlich von der Größe der zu fertigenden Teile ab, wie groß die Maschine sein muss. Denken Sie aber daran, dass Sie vielleicht „Nutzen" produzieren, also einen Satz von Teilen mehrmals in einem Durchgang fräsen wollen. Dabei würde dann die Größe der Maschine vom verfügbaren Rohmaterial bestimmt. Angenommen, Sie haben ein geniales Schiffsmodell konstruiert und wollen nun die Welt daran teilhaben lassen. Sie entschließen sich also, einen Bausatz zu produzieren und bei eBay anzubieten. Den Kiel und die Spanten wollen Sie dabei aus Sperrholz fräsen, das in den Plattenmaßen von 120 cm × 60 cm verfügbar ist. Es ist nun wesentlich effektiver, einmal die ganze Platte aufzuspannen und die Teile für mehrere Bausätze aus ihr herauszufräsen, als die Platte in Einzelteile zu zerlegen und dann einzeln zu fräsen, mal abgesehen vom wesentlich höheren Verschnitt.

3.3. Fräsen und Bohren von Leiterplatten

Sie wissen vielleicht aus Erfahrung, wie „ätzend" es sein kann, Leiterplatten auf fotochemischem Wege selbst herzustellen. Wenn man genau rechnet, sind dafür neun Arbeitsgänge erforderlich. Davon abgesehen lohnt es sich oft kaum, für nur eine Platine die gesamte Ausstattung herauszukramen, Chemikalien anzurühren und dann möglicherweise durch Fehlbelichtung die Platine zu verderben. Dazu kommen die Kosten für das fotobeschichtete Material. Das alles kann man sich sparen, wenn man die Leiterplatten graviert. Das Bohren wird in derselben Aufspannung gleich mit erledigt.

Das Fräsen von Leiterplatten entspricht dem Gravieren von Schildern. Der Unterschied liegt im Material, meist glasfaserverstärktes, mit Kupfer kaschiertes Epoxydharz. Weil das Material das Werkzeug schnell abstumpft, kommen nur Gravierstichel und Bohrer aus Hartmetall in Frage. Außerdem brauchen Sie eine Gravurtiefenregelung, um gleiche Abstände zwischen den Leiterbahnen zu erhalten. Der minimale Abstand zwischen den Leiterbahnen beträgt 0,1–0,15 mm, bei einer Frästiefe von 0,2 mm. Die Breite der Abstände hängt vom Anschliff des Gravierstichels (empfehlenswert sind 60°) und von der Frästiefe ab.

Auch beim Gravieren von Leiterplatten, die in der Regel relativ klein sind, ist der Gedanke an den „Nutzen" wichtig. Ich benutze zum Beispiel das Programm GerbMerge (http://claymore.engineer.gvsu.edu/~steriana/Python/), um die Gerber -und Excellon-Daten mehrerer gleicher, aber auch die von unterschiedlichen Platinen auf einer großen Fläche zusammenzusetzen und dann diesen „Nutzen" in einem Durchgang zu fräsen und zu bohren.

Zum Thema „Isolationsfräsen von Leiterplatten" gibt es übrigens eine gute Erklärung auf der Seite von Frank Thiemig: www.thiemig.de/outliner/explain.htm.

3.4. Fräsen großer Teile aus Holz

Das Fräsen großer Teile aus Holz ist mehr etwas für die „Tischler" unter uns. Anwendungsmöglichkeiten sind zum Beispiel das Fräsen und Profilieren von Schranktüren, die Herstellung von Zapfenverbindungen oder das Nuten von Schubladenseitenteilen. Als Frässpindel für solche Arbeiten eignet sich am besten ein Oberfräsenmotor, zum Beispiel der von Kress, der fast 30.000 U/min aufweist und eine Spannzangeneinrichtung für die in der Holzbearbeitung gängigen Fräser besitzt. Absolut erforderlich ist eine Staubabsaugung, weil die Maschine sonst schnell eindreckt.

Bei der Größe der Maschine ist nach oben alles offen. Selbst die in diesem Buch beschriebene Maschine dürfte mit Verfahrwegen von 750 mm × 460 mm zu klein sein. Wer sich für so etwas interessiert, dem kann ich das Buch „CNC robotics – build your own workshop bot" von Goeff Williams empfehlen. Das Buch ist in englischer Sprache im Verlag „Tab Books" erschienen und hat die ISBN 0071418288. Das Buch gibt es bei amazon. de. Die dort beschriebene Maschine hat eine Größe von 2,1 m × 1,2 m.

3.5. Fräsen von 3-D-Objekten

Das Fräsen von 3-D-Objekten ist „die hohe Schule" des CNC-Fräsens im Hobbybereich. Dabei sollten Sie Ihre Erwartungen nicht zu hoch schrauben, weil mit den gängigen Dreiachsmaschinen die 3-D-Bearbeitung nur eingeschränkt möglich ist. „Richtiges" 3-D-Fräsen erfordert eine Maschine mit mindestens fünf gesteuerten Achsen, dabei ist meist der Fräskopf schwenkbar und das Werkstück sitzt auf einem angetriebenen Rundtisch. Damit ist dann jeder Punkt an einem Werkstück mit dem Fräser erreichbar. Aber selbst wenn Sie eine solche Maschine bauen würden, was keine unüberwindlichen Schwierigkeiten bereiten sollte, der Softwareaufwand zur Steuerung der Maschine wäre immens. CAM-Software, die zur echten 3-D-Bearbeitung geeignet ist, kostet mehrere tausend Euro. Damit ist es aber noch nicht getan, natürlich brauchen Sie ein CAD-System, um die dreidimensionalen Werkstücke zu entwerfen. Die Steuersoftware „Mach3", die ich verwende, soll in der Lage sein, bis zu sechs Achsen zu steuern, ich habe es aber noch nicht ausprobiert!

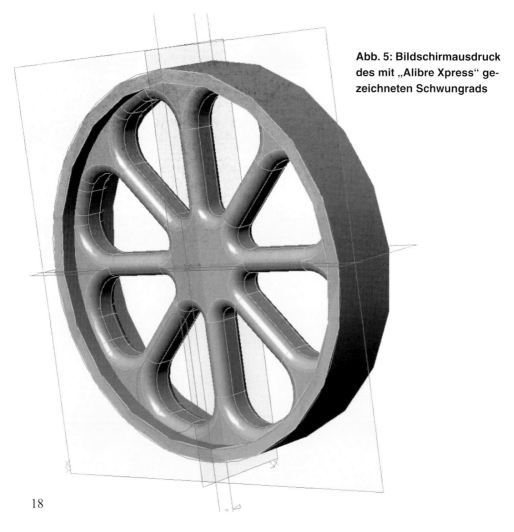

Abb. 5: Bildschirmausdruck des mit „Alibre Xpress" gezeichneten Schwungrads

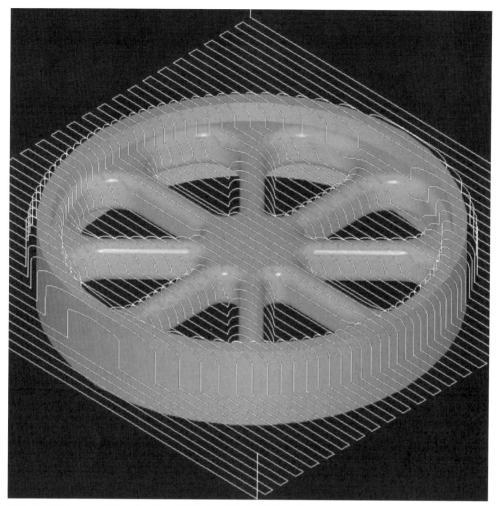

Abb. 6: Hier sehen Sie, wie „FreeMill" das Werkstück zeilenweise „abtastet". Zur Verdeutlichung habe ich den Abstand der Fräsbahnen ziemlich groß gewählt

Wenn Sie andererseits damit zufrieden sind, dreidimensionale Werkstücke zu fräsen, die keine Unterschneidungen haben (ein Fräser kann dann mit drei gesteuerten Achsen alle Punkte des Werkstücks erreichen), dann können Sie mit sehr geringem Aufwand erste 3-D-Versuche starten. Die Software „Alibre Xpress", ein 3-D-CAD-Programm, laden Sie sich von der Seite www.alibre.com kostenlos herunter. Zum Generieren des Fräsprogramms in G-Code holen Sie sich das Programm „FreeMill" von der Seite http://www.datacad.de. In meinem nächsten Buch werde ich ausführlich auf diese beiden Programme und auf das Fräsen von 3-D-Formen eingehen. Hier reicht dazu leider der Platz nicht. Wenn Ihr Ziel also die Herstellung von dreidimensionalen Gegenständen ist, hängt die Größe der Maschine von der Größe der Werkstücke ab. Es ist schon ein Unterschied, ob Sie als Schmuckdesigner tätig sind oder rustikale Reliefschilder herstellen.

3.6. Folienschneiden

Statt der Frässpindel können Sie auch ein kleines Messer in den Werkzeughalter spannen und damit zum Beispiel selbstklebende Folien für Dekorationen oder Beschriftungen schneiden. Auch das Schneiden von Papier und Karton, zum Beispiel für Airbrush-Masken oder für die Herstellung von Architekturmodellen, ist damit möglich. Als Messer wird ein so genanntes Schleppmesser eingesetzt, das drehbar in einem Halter gelagert ist und sich entlang der Achsenbewegung ausrichtet. Der Halter ist federnd gelagert, ähnlich wie ein Gravurtiefenregler, und sorgt für eine definierte Schnitttiefe. Alternativ können Sie ein so genanntes Tangentialmesser einsetzen, das von einem Schrittmotor auf die Achsbewegung ausgerichtet wird. Die Steuerung des Messers ist als Zusatzfunktion in „Mach3" schon vorgesehen. Als Folien werden meist Siebdruckfolien eingesetzt, die es mit unterschiedlicher UV-Beständigkeit gibt (für den Einsatz im Freien).

Wenn Folienschneiden Ihr Ding ist, dann kann die Maschine eigentlich nicht groß genug sein. Wenn Sie allerdings nur Folien schneiden wollen, dann gebe ich zu bedenken, dass die hier vorgestellte Maschine zu massiv und damit zu teuer sein wird. Sie brauchen zum Beispiel keine schwere Aufspannplatte für das Aufspannen.

3.7. Fräsen kleiner Teile aus Buntmetall oder Kunststoff

Hier sind wir nun in einem Bereich, der eigentlich die Domäne der Tischfräsmaschine und nicht die der Portalfräsmaschine ist. Andererseits hat es wenig Sinn, sich zwei Fräsmaschinen hinzustellen, es sei denn, es sollen auch Stahl und Gussmaterial gefräst werden. Es spricht also nichts dagegen, auf der Aufspannplatte der Portalmaschine einen Maschinenschraubstock zu befestigen oder das Werkstück mit Spanneisen direkt auf die Aufspannplatte zu spannen. Für runde Werkstücke benutze ich meist ein Drehmaschinenfutter, das ich auf einem rechteckigen Flansch befestigt habe, der wiederum zur Befestigung des Futters auf der Aufspannplatte dient.

Wenn Sie allerdings planen, nur kleinere Teile zu bearbeiten, dann sollten Sie sich wirklich eine CNC-Tischfräsmaschine anschaffen oder eine solche Maschine auf CNC-Betrieb umbauen. Sie haben dann eine wesentlich stabilere und hoch präzis arbeitende Maschine.

3.8. Zeichnen

Daran haben Sie vielleicht noch gar nicht gedacht, aber mit einer Portalfräsmaschine können Sie selbstverständlich auch zeichnen. Das, was Sie dazu brauchen, ist ein Halter, in dem der Zeichenstift – zum Beispiel ein Rotring-Rapidograph oder ein Tintenroller – federnd befestigt ist. Wenn Sie komplexe Zeichnungen produzieren wollen, brauchen Sie natürlich Halter mit Stiften unterschiedlicher Stärken oder mit unterschiedlichen Farben. Für die CNC-Software ist es unerheblich, ob ein Fräser oder ein Zeichenstift eingespannt ist. Weiterhin brauchen Sie eine ebene Fläche, auf der das Papier befestigt wird, dazu reicht eine MDF-Platte.

Mit der hier vorgestellten Maschine können Sie immerhin Zeichnungen im Format DIN A2 herstellen, das sind 420 mm × 594 mm. So einen großen EDV-Drucker haben nur die wenigsten Leute im Haus!

Das Zeichnen ist übrigens eine hervorragende Möglichkeit, CNC-Programme zu testen. Statt möglicherweise teures Material zu vernichten, lassen Sie die Maschine die späteren Fräserbahnen einfach erst mal zeichnen. Sie müssen nur beachten, dass die gezeichnete Bahn in aller Regel um den Fräserradius versetzt ist.

4. Erforderliche Genauigkeit

Über die erforderliche Genauigkeit einer Portalfräsmaschine kann man vorzüglich streiten. Ich bin der Meinung, dass die notwendige Genauigkeit vom herzustellenden Werkstück und vom Material abhängt. Bei Arbeiten in Holz ist eine Genauigkeit im Zehntelmillimeterbereich völlig ausreichend und wahrscheinlich schon zu genau, weil Holz sowieso nicht dimensionsstabil ist und dem Einfluss der Luftfeuchtigkeit unterliegt. Gleiches gilt für Papier und Karton. Beim Gravieren von Schildern sind Abweichungen von 0,1 mm (Sonderfälle ausgenommen) sicherlich akzeptabel. Anders sieht es bei Leiterplatten mit geringen Leiterbahnbreiten und -abständen aus. Allerdings sind wir auch hier noch nicht im unteren Hundertstelbereich.

Beim Folienschneiden dürfte eine Genauigkeit von rund 0,2 mm fast immer ausreichen. 3-D-Objekte dienen wahrscheinlich dekorativen Zwecken oder werden als Gussmodelle angefertigt. Auch hier genügt sicherlich eine Genauigkeit von 0,2–0,3 mm.

Richtig genau wird es erst bei kleineren Mechanikteilen aus Buntmetallen oder Stahl. Für deren Anfertigung ist eine Portalmaschine aber eigentlich nicht das richtige Werkzeug – siehe den Abschnitt 3.7. Ich habe für solche Aufgaben eine CNC-Tischfräsmaschine mit präzisen Führungen und Kugelumlaufspindeln. Allerdings schaffe ich es auch damit nicht, genaue Passungen oder Ähnliches herzustellen. Ich fräse dann die Bohrung lieber mit etwas Untermaß und gehe mit eine Reibahle durch. Und das funktioniert auf meiner manuellen Fräsmaschine nicht anders.

Meiner Meinung nach ist bei kleinen Teilen mit Verfahrwegen von ca. 100 mm eine Genauigkeit der Maschine von 0,02–0,05 mm anzustreben, bei großen Teilen (Verfahrwege von 200–500 mm) eine von 0,1–0,2 mm. Ein ziemlich triviales Problem haben wir dabei noch gar nicht bedacht: Wie messen wir eigentlich die Genauigkeit bei Verfahrwegen von über 300 mm? Ich habe einen digitalen Höhenanreißer mit 300 mm Länge, den ich für solche Messungen umfunktioniere, allerdings weiß ich nicht, wie genau der chinesische Hersteller gearbeitet hat. Bei Maßen über 300 mm nehme ich das Bandmaß. Eine digitale Schieblehre von, sagen wir, 1.000 mm Länge und einem renommierten Hersteller, zum Beispiel Preisser, kostet mit Mehrwertsteuer rund 1.100,- €. Da glaube ich doch lieber einfach, dass die Maschine genau genug ist. Im Übrigen finde ich es lustig, wenn in den einschlägigen CNC-Foren im Internet über Genauigkeiten von 0,01 mm bei Portalmaschinen diskutiert wird. Abgesehen davon, dass eine so hohe Präzision meines Erachtens mit vernünftigem Aufwand nicht zu erreichen ist, würde ich die Herren gern mal fragen, wie sie die Maßhaltigkeit gemessen haben. Vermutlich handelt es sich aber eher um hypothetische Maschinen – die sind sowieso viel genauer als die, die wirklich gebaut werden.

Wodurch wird die Genauigkeit nun bestimmt? Zum einen sprechen wir über die absolute Positioniergenauigkeit, wenn zum Beispiel der Fräser von der Koordinate x = 0,00 auf die Koordinate x = 200,00 gefahren werden soll. Andererseits sprechen wir über Wiederholgenauigkeit, wenn es darum geht, eine bestimmte Position mehrmals anzufahren.

4.1. Positioniergenauigkeit

Die Positioniergenauigkeit in Richtung der jeweiligen Achse hängt – stabile Konstruktion vorausgesetzt – bei einer Maschine mit direkt an die Spindeln gekuppelten Schrittmotoren lediglich von der Präzision des Schrittmotors, mehr aber noch von der Steigungsgenauigkeit der Vorschubspindel ab. Die in meiner Maschine verwendeten gerollten Trapezgewindespindeln haben nach DIN 103, Toleranzklasse 7e, einen maximalen Steigungsfehler von +/– 0,15 mm auf 300 mm Länge. Der Lieferant, die Firma Mädler, gibt eine Toleranz, abweichend von der Norm, von +/– 0,03 mm auf 300 mm Länge an. Aber auch Kugelgewindespindeln sind nicht unbedingt besser. Die günstigsten Kugelgewindespindeln, die ich zurzeit kenne, kommen von der Firma Isel und sind gerollt. Isel gibt an, dass die Spindeln nach DIN 69051, Toleranzklasse 7, gefertigt sind. Das bedeutet, die Spindel kann eine Toleranz von +/– 0,052 mm auf einer Länge von bis zu 315 mm haben. Eine 1.000 mm lange Spindel hätte nach der Norm eine maximale Toleranz von +/– 0,09 mm. Verbessern lässt sich die Situation durch geschliffene Kugelgewindespindeln, nur sind solche Teile leider unverschämt teuer.

Es gibt allerdings eine sehr elegante Lösung für das Spindelproblem. Die Steuerungssoftware „Mach3" erlaubt, eine so genannte „Srew Mapping Tabelle" zu erfassen. In dieser Tabelle werden die Soll- und die Ist-Position der Achse an verschiedenen Stellen des Verfahrwegs gespeichert. Beim Positionieren schaut „Mach3" in dieser Tabelle nach und korrigiert den Vorschub entsprechend. Allerdings tritt damit wieder das Problem der genauen Messung längerer Verfahrwege auf (siehe oben).

Sind zwischen Schrittmotor und Spindel noch Getriebeelemente, zum Beispiel ein Zahnriemengetriebe, geschaltet, dann werden die Toleranzen der Spindel mit den Toleranzen des Getriebes multipliziert. Die gute Nachricht ist, dass der Fehler des Getriebes durch Abweichungen in den Dimensionen der Getrieberäder auftritt und deshalb konstant bleibt. Dieser Fehler lässt sich auch auf einem kurzen Weg ermitteln, dann hochrechnen und über „Mach3" kompensieren. Anders sieht es aus, wenn ein oder mehrere Getrieberäder „eiern". Durch die variierende Umfangsgeschwindigkeit in einem Umlauf ergeben sich Schwankungen in der Drehzahl der angetriebenen Spindel und damit Toleranzen, die auf die Steigung der Spindel begrenzt sind. Bei einer Spindelsteigung von 4 mm hätten Sie also Toleranzen, die zyklisch alle 4 mm auftreten würden. Gleiches gilt übrigens für nicht genau arbeitende Schrittmotoren.

Ein weiterer Aspekt ist die Geradheit der Führungen. Wenn diese, übertrieben gesprochen, in einem Bogen verlaufen, folgt natürlich die jeweilige Achse diesem Bogen und überträgt ihn auf das Werkstück. Dabei kann die Führung sowohl in der waagerechten als auch in der senkrechten Ebene oder gleich in beiden abweichen. Diese Toleranzen bekommt man nur mit einer stabilen und durchdachten Konstruktion in den Griff, sollte aber auch hier auf kurzen Strecken (100–200 mm) mit Toleranzen im einstelligen Hundertstelbereich und bei langen Strecken durchaus mit Toleranzen im Zehntelmillimeterbereich rechnen. Dabei spielt die Art der Führung eine eher untergeordnete Rolle. Selbst mit der teuersten Kugelschienenführung bekommen Sie das Problem nicht in den Griff, wenn der Unterbau dafür nicht genau gerade ist. Ich habe mich bemüht, bei der hier vorgestellten Maschine so viel „eingebaute" Genauigkeit wie möglich in die Konstruktion zu bekommen, weil ich bei der Größe der Maschine und der Länge der Führungen nicht die Ausstattung an Werkzeugmaschinen und Messmitteln habe, um zum Beispiel 1.000 mm lange Rahmenteile mit einer Genauigkeit von +/– 0,01 mm zu fräsen.

4.2. Wiederholgenauigkeit

Wird der Fräser mehrmals auf derselben Bahn gefahren, etwa weil eine tiefe Tasche in ein Werkstück gefräst werden soll, die nur durch ansteigende Frästiefen herstellbar ist, dann müssen sich diese Bahnen natürlich genau decken. Andernfalls wird die Genauigkeit des Endprodukts leiden. Diese Wiederholgenauigkeit ist meist wichtiger als die absolute Positioniergenauigkeit.

Die Wiederholgenauigkeit wird einerseits von der Steifigkeit der gesamten Konstruktion bestimmt, andererseits vom Umkehrspiel in den Achsantrieben.

Jede Art von Antriebsspindel für die Achsen einer Fräsmaschine hat ein gewisses Spiel in der Spindelmutter. Gäbe es kein Spiel, dann ließe sich die Spindel nicht drehen. Das gilt auch für Kugelumlaufspindeln, allerdings ist das Spiel bei richtiger Einstellung so gering, dass es praktisch vernachlässigt werden kann.

Das Spiel der Spindel in der Mutter wirkt sich so aus, dass der Motor bei der Richtungsumkehr der Achse einige Schritte „leer" ausführen muss, bis sich die Achse wieder zu bewegen beginnt. Dieser „Backlash", so der englische Begriff, äußert sich zum Beispiel beim Fräsen eines Kreises, weil sich dabei die Bewegungsrichtung beider Achsen jeweils einmal umkehrt. Das Spiel wird im Fräsbild durch einen kleinen Absatz in den Umkehrpunkten sichtbar – die Wiederholgenauigkeit ist zu gering. Um dieses Problem zu lösen, erlaubt „Mach3", das Spindelspiel zu kompensieren. Sie können dazu für jede Achse die Anzahl Motorschritte angeben, die nötig sind, um die Flanken der Spindel an die Flanken der Spindelmutter anzulegen. Der nächste Schritt bewegt dann schon die Achse.

Die Genauigkeit der Führungen spielt bei der Wiederholgenauigkeit keine Rolle. Eine krumme Führung ist und bleibt krumm, stabile Konstruktion, wie bereits gesagt, vorausgesetzt.

5. Führungen

5.1. Profilschienen-Wälzführungen

Profilschienen-Wälzführungen sind einwandfrei die beste Art der Linearführung für eine Portalfräsmaschine. Auch die Industrie ist dazu übergegangen, selbst riesige Bearbeitungszentren mit dieser Art der Führungen auszustatten. Eine hohe Steifigkeit, eine große dynamische und statische Belastbarkeit sowie ein leichter und ruhiger Lauf zeichnen diese Führungen aus.

Eine Profilschienen-Wälzführung besteht aus der eigentlichen Führungsschiene, die beliebig lang sein kann, und dem darauf laufenden Führungswagen. Zwischen Wagen und Schiene sind Linearkugellager angebracht, bei stabileren Führungen können das

Abb. 7: Phantombild des Führungswagens einer Profilschienen-Wälzführung. Sie erkennen die innen liegenden Linear-Kugellager und das spezielle Profil der Führungsschiene. Foto: Bosch Rexroth AG

Abb. 8: Ansicht des Führungswagens einer Profilschienen-Wälzführung.
Foto: Bosch Rexroth AG

auch Rollenlager sein. Durch die Form der Schiene sind die Freiheitsgrade des Wagens so eingeschränkt, dass er nur eine Bewegung in Richtung der Schiene ausführen kann. Abstreifer an beiden Enden des Wagens sorgen dafür, dass kein Schmutz in die Kugellager eindringen kann.

Nun ist diese Art der Führung zwar die beste, aber leider auch die teuerste. Für eine Portalmaschine der vorgeschlagenen Größe habe ich einmal folgende Teile kalkuliert:
– zwei Führungsschienen von 20 mm × 1.000 mm (x-Achse),
– zwei Führungssschienen von 15 mm × 460 mm (y-Achse),
– eine Führungsschiene von 25 mm × 280 mm (z-Achse),
– vier Wagen à 20 mm,
– zwei Wagen à 15 mm,
– Ein Wagen à 25 mm.

Der komplette Satz kostet im Online-Shop der Firma THK (http://www.thk.co.uk/DE) die Kleinigkeit von 2.180,- € einschließlich Mehrwertsteuer. Es gibt möglicherweise günstigere Angebote, aber unter 1.500,- € wird sich kaum etwas abspielen.

Bleibt noch eBay. Gerade habe ich zwei Führungen, 25 mm breit, 1.015 mm lang, einschließlich vier Führungswagen zum Sofort-Kaufen-Preis von 300,- € gesehen. Allerdings brauchen Sie bei eBay etwas Geduld, bis die richtigen Teile angeboten werden, und auch das Vertrauen, dass die Teile etwas taugen und nicht beschädigt oder verschlissen sind. Sie finden diese Führungen bei eBay meist unter dem Begriff „Linearführung".

Abb. 9: Auch bei riesigen Bearbeitungszentren werden Profilschienen-Wälzführungen erfolgreich eingesetzt. Foto: Bosch Rexroth AG

5.2. Rundschienen-Wälzführungen

Bei dieser Art der Führung läuft eine runde Büchse mit eingebauten Linearkugellagern auf einer runden Welle. Im Gegensatz zur Profilschienen-Wälzführung kann sich diese Kugelbüchse nicht nur in Richtung der Führung bewegen, sie hat auch die Möglichkeit, auf der Führung zu rotieren. Das verringert natürlich die Steifigkeit der Führung und muss bei der Konstruktion berücksichtigt werden. Der konstruktive Aufwand ist bei Rundführungen also etwas höher. Ein anderes Problem ist, dass die Führungswelle freitragend sein muss, was bei größeren Längen zu Problemen mit Durchbiegung und Schwingungen führt. Um dem abzuhelfen, gibt es Kugelbüchsen mit Schlitz, so dass die Führungswelle an beliebig vielen Punkten abgestützt werden kann. Die geschlitzten Büchsen haben den zusätzlichen Vorteil, dass sich das Führungsspiel bei ihnen einstellen lässt.

Die Kosten für Rundschienen-Wälzführungen liegen weit unter denen für Profilschienen-Wälzführungen. Für eine Maschine mit den Abmessungen 1.000×500×200 mm kosten die Führungsteile rund 350,- €.

Wichtig ist, Kugelbüchsen mit integrierten Abstreiflippen zu wählen, weil speziell die geschlitzte Ausführung sonst offen für Schmutz und Flüssigkeiten ist.

5.3. Laufrollenführungen

Bei einer Rollenführung läuft in aller Regel ein mit Laufrollen versehener Führungswagen auf einer Profilschiene. Die Laufrollen sind dabei mit Gleit- oder Wälzlagern ausgestattet. Die Profilschiene wird aus Gründen der einfacheren Fertigung gern als doppelte Rundstange mit dazwischen liegendem Stützprofil ausgeführt. In diesem Fall haben die Laufrollen ein rundes, konkaves Profil.

Abb. 10: Phantombild einer Rundschienen-Wälzführung. Sie erkennen die innen liegenden Linearkugellager. Foto: Bosch Rexroth AG

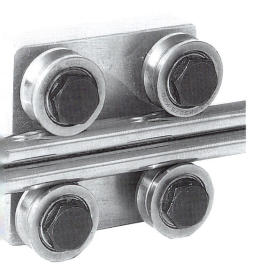

Abb. 11: Prinzipielle Darstellung einer Rollenführung. Die Rollen laufen auf einer doppelten Rundstange

Abb. 12: „Vornehmere" Ausführung einer Rollenführung. Sie sehen die Befestigung der Führungswellen an einem Stützprofil und die Schmutzabstreifer an den Gehäusen der Rollen – sehr wichtig bei dieser Art der Führung. Foto: item Industrietechnik und Maschinenbau GmbH

Der Vorteil solcher Führungen ist der relativ moderate Preis gegenüber Profilschienen-Wälzführungen. Allerdings ist ihre Baulänge größer. Wichtig ist auch die gute Abdichtung gegen Schmutz und Späne. Die Rollen haben sonst die Tendenz, Partikel, die auf der Profilschiene liegen, zu „überfahren" und nicht wegzuschieben, was zum Klemmen führen kann. Obwohl die Führungen recht einfach aussehen und zum Selbstbau geradezu „einladen", möchte ich davon abraten, sie selbst anzufertigen. Wenn die Führungen etwas taugen sollen, müssen die Rollen mit doppelreihigen Wälzlagern oder mit Nadellagern ausgestattet sein, damit Sie auf ihrer Achse nicht kippen können. Außerdem müssen bei einem Führungswagen mindestens zwei Rollen auf exzentrischen Achsen gelagert sein, damit sich das Spiel einstellen lässt. Wenn Sie sich für diese Art der Führungen interessieren, empfehle ich den Katalog von Harhues & Teufert, den Sie sich von der Seite www.harhues-teufert.de als PDF herunterladen können. Weitere Hersteller finden Sie im Anhang.

Für eine Maschine mit den Abmessungen 1.000×500×200 mm kosten Laufrollenführungen von KriTec (www.kritec-gmbh.de) rund 850,- €.

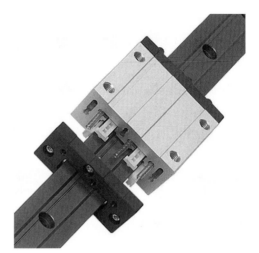

Abb. 13: Profilschinen-Gleitführung DryLin® von igus. Foto: igus GmbH

5.4. Profilschienen-Gleitführungen

Eine preisgünstige Alternative zu den Profilschienen-Wälzlagerführungen stellen die Profilschienen-Gleitlagerführungen dar. Auf diesem Gebiet tut sich besonders die Firma igus (www.igus.de) hervor. Die Führungswagen besitzen einzeln einstellbare Gleitelemente aus einem speziellen Kunststoff, der verschleißfest und schmutzunempfindlich ist. Von der Verschleißfestigkeit konnte ich mich auf der Messe Metav in Düsseldorf selbst überzeugen. Dort wurde auf dem Stand der Firma igus eine Führung ständig mit Sand berieselt, die dennoch klaglos ihren Dienst versah. Die Führungsschiene besteht aus hartanodisiertem Aluminium. Die Führungen laufen sehr leise, weil es keine beweglichen Teile oder metallischen Kugeln oder Rollen gibt. Sollten die Gleitelemente dennoch einmal verschleißen, lassen sie sich relativ leicht auswechseln.

Zu den Kosten: Schienen und Laufwagen für unsere Standardmaschine (1.000×500×200 mm) würden ca. 500,- € kosten. Sie können sich direkt an igus wenden und sich ein Angebot machen lassen. Die Firma beliefert nach eigener Aussage auch Privatkunden.

5.5. Rundschienen-Gleitführungen

Rundschienen-Gleitführungen bestehen im einfachsten Fall aus einer Welle aus gehärtetem oder ungehärtetem poliertem Stahl und einer darauf laufenden Büchse aus Sinterbronze. Alternativ zu Sintebronzebüchsen bietet die Firma igus so genannte „Gleitfolien" aus einem speziellen, leicht gleitenden und dennoch verschleißfesten Kunststoff an.

Diese Art der Führung ist preislich das Beste, was man einsetzen kann. Führungswellen aus 115CrV3 (Silberstahl) und Sinterbronzebuchsen kosten für unsere Standardmaschine rund 170,- €. Dazu muss man noch einen gewissen Materialaufwand rechnen, weil die Buchsen ja in Lagerböcken befestigt werden

Abb. 14: Gleitfolien DryLin® von igus

müssen. Mit Gleitfolien von igus kommt das Ganze noch billiger, da im Prinzip Führungswellen aus St 37 reichen würden. Auf Grund der Paarung Stahl-Kunststoff verschleißt die Gleitfolie in jedem Fall schneller als der Stahl. Weil die Oberflächenqualität besser ist, rate ich aber zu Wellen aus C45. Bei Gesamtkosten von rund 80,- € ist das sicherlich die günstigste Art, Führungen zu bauen, die nach meiner Erfahrung besser funktionieren als die Paarung Silberstahl-Sinterbronze.

Die Problematik mit dem Durchbiegen der Führungswellen ist natürlich die gleiche wie bei den Wälzlager-Rundführungen. Also müssen auch hier die Büchsen geschlitzt und die Führungswellen unterstützt werden.

5.6. Sonstige Führungssysteme

Neben den bislang erwähnten Führungssystemen gibt es noch weitere, darunter Flachführungen und Prismenführungen, die aber meiner Meinung nach nicht so gut für den Selbstbau einer Portalmaschine geeignet sind. Ganz spannend sind in dieser Beziehung oft die Maschinenkonstruktionen, die CNC-Enthusiasten auf ihren privaten Internetseiten zeigen.

5.7. Vor- und Nachteile der Führungssysteme

Nach unserem kleinen Streifzug durch die Welt der Linearführungen stehen Sie möglicherweise immer noch vor der Frage: Welche soll ich wählen? Deshalb werden in der folgenden Tabelle die Vor- und Nachteile der Führungssysteme nach verschiedenen Kriterien bewertet und einander gegenübergestellt. Das ist beileibe keine wissenschaftliche Untersuchung, sondern lediglich meine persönliche Einschätzung.

	Preis	Bauaufwand	mögliche Verfahrgeschwindigkeit	Kraftaufwand zum Bewegen der Achse	Stabilität
Profilschienen-Wälzführungen	höchster	niedrig	hoch	gering	höchste
Rundschienen-Wälzführungen	niedrig	hoch	mittel	gering	mittel
Laufrollenführungen	hoch	niedrig	hoch	gering	hoch
Profilschienen-Gleitführungen	mittel	niedrig	hoch	mittel	hoch
Rundschienen-Gleitführungen	geringster	hoch	niedrig	hoch	mittel

Abb. 15: Bewertung der unterschiedlichen Linear-Führungssysteme

Wenn Sie meiner Beurteilung folgen können, dann bleiben, glaube ich, drei Möglichkeiten:
1. Geld spielt keine Rolle: Nehmen Sie die Profilschienen-Wälzführung.
2. Sie wollen sparen, möchten aber eine vernünftige Führung mit geringem Bauaufwand: Die Profilschienen-Gleitführung ist Ihre Wahl.
3. Sie scheuen den Bauaufwand nicht, wollen aber eine sehr günstige Führung: Bauen Sie die Rundschienen-Wälzführung.

Etwas anders sieht die Sache aus, wenn Sie nur eingeschränkte Bearbeitungsmöglichkeiten haben und eine Maschine nur aus handelsüblichen Aluminiumprofilen aufbauen wollen. In dem Fall ist die Laufrollenführung die erste Wahl, weil einige Profilhersteller sie passend zu ihren Profilsystemen anbieten. Ein gutes – und meines Erachtens preiswertes – Beispiel ist die Firma KriTec (www.kritec-gmbh.de).

Wenn Sie in diesem Buch (hoffentlich) weiterlesen, werden Sie feststellen, dass ich meinem eigenen Rat nicht gefolgt bin und meine Maschine mit Rundschienen-Gleitführungen aufgebaut habe – aus dem einfachen Grund, dass ich eine möglichst preiswerte Portalmaschine bauen wollte.

6. Achsantriebe

Nachdem wir gesehen haben, wie die Achsen einer Portalmaschine geführt werden können, sollten wir auch nach einem geeigneten Antrieb Ausschau halten. Es geht darum, die Rotation des Schritt- oder Servomotors in eine lineare Bewegung der Achsen umzuwandeln. Wieder gibt es verschiedene Möglichkeiten.

6.1. Zahnriemenantrieb

Das ist eine recht einfache Methode. Ein genügend langer Zahnriemen wird vom Motor angetrieben, und am anderen Ende läuft der Riemen über eine Zahnriemenscheibe als Umlenkrolle. Die Achse, also zum Beispiel das Portal, ist am Zahnriemen befestigt und wird von ihm hin- und hergezogen. Die Vorteile des Zahnriemenantriebs sind:
– geringe eigene Massenträgheit und also leicht zu beschleunigen,
– praktisch spielfrei,
– preiswert.

Auf den zweiten Blick ist ein Zahnriemenantrieb allerdings problematisch. Will man mit Schrittmotoren arbeiten, dann ist in jedem Fall ein Getriebe zwischen Motor und Zahnriemen-Antriebsscheibe erforderlich. Das zeigt schon eine kleine Rechnung: Die kleinste Zahnriemenscheibe, die es bei Mädler für HTD-Zahnriemen mit 5-mm-Teilung gibt, hat zwölf Zähne und einen Wirkdurchmesser von 19,1 mm. Das bedeutet, dass die Achse bei Direktantrieb bei jeder Motorumdrehung rund 19 mm Weg zurücklegt, anders gesagt, bei 400 Halbschritten des Motors ist die erreichbare Auflösung 0,0475 mm je Schritt. Etwas grob, nicht wahr? Außerdem wäre für das Beschleunigen und vor allem das Abbremsen der Achse ein mächtiger Motor erforderlich.

Negativ wirkt sich auch die Elastizität des Riemens aus, einerseits auf die Positioniergenauigkeit, die ohne Längenmesssystem mit Rückkopplung an die Steuerung unbefriedigend sein dürfte, andererseits auf das Schwingungsverhalten. Die Achse ist ja eine Masse, die über eine Feder (den Zahnriemen) elastisch an den Motor gekoppelt ist. Durch die sich ständig ändernde Distanz zwischen Motor und Achse wechselt auch stets die Eigenfrequenz dieses Feder-Masse-Systems. Je leichtgängiger die Führungen sind, desto geringer ist zudem die Dämpfung dieses Systems und desto leichter schaukeln sich die Schwingungen auf.

Nach meiner Meinung sind Zahnriemenantriebe nur für relativ einfache Positionieraufgaben geeignet oder die Positionierung muss in einem geschlossenen Regelkreis mit Rückkopplung der tatsächlichen Position erfolgen, wobei die Antriebsregelung an die Eigenheiten des Zahnriemenantriebs anzupassen ist. Mit anderen Worten: Was auf den ersten Blick einfach und preiswert aussieht, kann ganz schön kompliziert und teuer werden.

6.2. Zahnstangenantrieb

Beim Zahnstangenantrieb ist eine Zahnstange fest mit dem Rahmen der Maschine verbunden und der Antriebsmotor fährt mit der Achse, zum Beispiel dem Portal, mit. Diese Technik wird bei großen Industriemaschinen angewandt, allerdings braucht man dazu auch entsprechend kräftige Servomotoren. Unbedingt erforderlich ist ein Getriebe zwischen Motor und Zahnstangenritzel, weil sonst die Auflösung zu gering ist und der Motor sehr stark sein muss (siehe Zahnriemenantrieb). Dazu kommt, dass ein Portal eigentlich nur mit je einer Zahnstange an jeder Seite anzutreiben ist, weil es sich sonst in den Führungen verkantet. Den Antrieb mittig am Portal anzubringen, dürfte nur sehr schwer zu realisieren sein, weil ja der Motor und das Getriebe unter der Aufspannplatte an einem Querjoch angebracht sein müssten. Es ergibt sich also der doppelte Aufwand für Zahnstangen, Motoren und Getriebe.

Der Preis für eine schräg verzahnte, präzisionsgeschliffene Zahnstange liegt um die 120,- €, dazu kommen dann noch das Antriebsritzel und das Getriebe. Also auch kein Vorteil gegenüber einer einfachen Kugelumlaufspindel!

6.3. Kettenantrieb

Für den Kettenantrieb gilt im Prinzip das Gleiche wie für den Zahnriemenantrieb, allerdings sollte das Schwingungsverhalten günstiger sein, weil die Kette nicht so elastisch ist. Ich würde den Kettenantrieb für sehr große Portalmaschinen zur Holzbearbeitung wählen, weil hier die Positioniergenauigkeit nicht so hoch sein muss und der Kettenantrieb Verschmutzungen durch Holzstaub besser wegsteckt. Allerdings kommen dann auch keine Schrittmotoren mehr zum Einsatz, sondern richtig kräftige Servomotoren, um auch eine entsprechende Verfahrgeschwindigkeit zu erreichen.

6.4. Gewindespindel und Mutter

Gewindespindel und Mutter sind die klassischen Mittel, um eine Drehbewegung in eine lineare (translatorische) Bewegung umzusetzen. Abhängig von der Gewindesteigung ist meist schon eine ausreichende Auflösung der Motorschritte in Vorschubbewegungen gegeben, so dass auf ein Getriebe verzichtet und der Motor direkt an die Spindel gekuppelt werden kann. Die Gewindespindeln werden entweder als Trapezgewindespindeln oder als Kugelgewindespindeln gebaut. Es gibt noch andere Bauformen, die aber nur eine untergeordnete Rolle spielen.

6.4.1 Trapezgewindespindeln

Trapezgewindespindeln findet man sehr häufig in manuell betätigten Werkzeugmaschinen, so bei Tischantrieben in Fräsmaschinen oder als Leitspindeln in Drehmaschinen. Das Trapezgewinde ist ein Bewegungsgewinde, im Gegensatz zu den Befestigungsgewinden von Schrauben. Der einzige Vorteil der Trapezgewindespindel ist ihr günstiger Preis, ihr Nachteil ist der geringe Wirkungsgrad und damit zusammenhängend die Schwierigkeit, einen spielfreien Antrieb herzustellen. Gängige Herstellungsverfahren sind das Rollen und das Wirbeln der Gewinde, wobei Letzteres tendenziell zu geringeren Steigungsfehlern führt. Beim Kauf der Spindeln lohnt es sich, den Lieferanten nach dem Steigungsfehler zu fragen, der nach DIN 103 in „mm pro 300 mm" angegeben wird. Die Steigungsfehler liegen zwischen 0,03 und 0,3 mm. Also Vorsicht bei unbekannten Angeboten bei eBay!

6.4.2. Kugelgewindespindeln

Bei Kugelgewindespindeln bewegen sich zwischen Spindel und Mutter in den Laufrillen der Spindel Kugeln, die beim Drehen der Spindel axial wandern. Der Rückführkanal in der Mutter befördert die Kugeln wieder zurück und schließt damit den Kreislauf, in dem die Kugeln zirkulieren. Deshalb lautet die Bezeichnung auch oft „Kugelumlaufspindel".

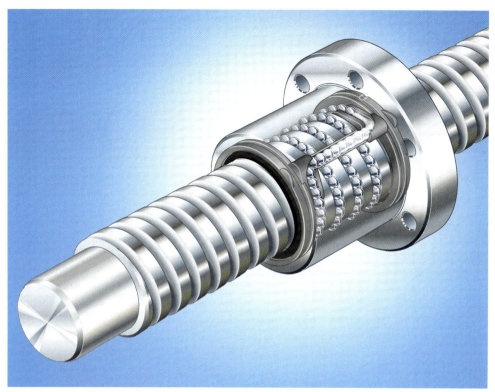

Abb. 16: Phantombild einer Kugelgewindespindel mit Mutter. Der Kugelrücklaufkanal ist deutlich zu sehen. Foto: Bosch Rexroth AG

Das in die Spindel eingearbeitete Profil, in dem die Kugeln laufen, ist nicht rund, sondern stellt meist einen Spitzbogen dar und wird deshalb „gotisch" genannt. Dadurch liegt die Kugel nicht am vollen Umfang auf, kann aber auch nicht in der Rille hin und her wandern.

Der wesentliche Vorteil der Kugelgewindespindel ist der hohe Wirkungsgrad, der sich aus der Rollreibung ergibt im Gegensatz zur Gleitreibung bei der Trapezgewindespindel. Deshalb haben Kugelgewindespindeln die mehrfache Lebensdauer einer Trapezspindel und auch die Wärmeentwicklung ist geringer, was höhere Verfahrgeschwindigkeiten ermöglicht.

Herstellungsverfahren sind das Schleifen, das Schälen und das Rollen der Spindeln, wobei das Schleifen das teuerste und das Rollen das günstigste Verfahren ist. Der Steigungsfehler hängt nach DIN 69051 von der Toleranzklasse ab und liegt bei einer 1.000 mm langen Spindel bei 0,011 mm in Toleranzklasse 1 (hochgenau geschliffen) und 0,36 mm in Toleranzklasse 10 (gerollt). Darauf müssen Sie natürlich achten, wenn Sie Kugelgewindespindeln kaufen.

Ein Wort der Warnung für diejenigen, die noch nie mit Kugelgewindespindeln zu tun hatten: Drehen Sie niemals – auf keinen Fall und unter keinen Umständen – die Spindel aus der Mutter heraus! Das Ergebnis wäre, dass sich die Kugeln in Ihrer Werkstatt verteilten und der Kugelgewindetrieb unbrauchbar würde. Wenn die Mutter abgenommen werden muss, gibt es dafür spezielle Adapter und Anweisungen des Herstellers. Wenn Spindel und Mutter separat geliefert werden (zum Beispiel bei Isel), dann steckt der Adapter in der Mutter

Abb. 17: Abschleifen der harten Gewindegänge auf der Bandschleifmaschine

gehärtet sind. Die Hersteller bieten entsprechende Enden zwar an, aber erstens sind sie teuer und zweitens gibt es meist nur Standard-Enden. Man kann sie aber auf einer Drehmaschine auch selbst herstellen. Dafür gibt es drei Verfahren. Das Einfachste ist, sich Spindelenden zu drehen, die eine Bohrung haben, in welche die Spindel eingeklebt wird. Ein Verfahren mittlerer Schwierigkeit ist das, in das Spindelende eine genau zentrische Bohrung einzubringen und einen dazu passenden Zapfen anzufertigen, der dann mit Loctite 603 in die Bohrung eingeklebt wird. Das funktioniert, weil die Spindeln einsatzgehärtet sind – harte Schale, weicher Kern. Das dritte und schwierigste Verfahren ist das Abschleifen der harten Gewindegänge auf einem Schleifbock und das Drehen mit einem Hartmetall-Drehstahl. Schneiden können Sie die Spindeln mit einer möglichst dünnen Trennscheibe.

und verhindert das Auslaufen der Kugeln. Folgen Sie in diesem Fall der beiliegenden Anleitung zum Aufschrauben der Mutter.

Ein weiteres Problem bei der Verwendung von Kugelgewindespindeln ist die Endenbearbeitung, was daran liegt, dass die Spindeln

Achten Sie beim Kauf von Kugelgewindespindeln unbedingt darauf, dass die Muttern Abstreifer haben. Nachträglich sind diese Teile bei einigen Fabrikaten nicht mehr an-

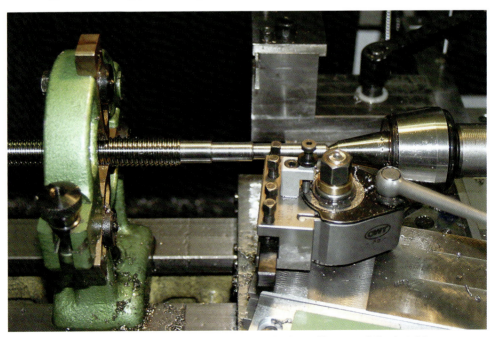

Abb. 18: Endenbearbeitung in der Drehmaschine mit einem Hartmetall-Drehstahl

Abb. 19: Einsetzen der Spindel mit einem Adapter in die Mutter

Abb. 20: Eingebaute Kugelgewindespindel in einer Fräsmaschine

bringen. Ohne Abstreifer gerät aber schnell Schmutz in die Mutter und der Trieb wird unbrauchbar.

6.4.3. Wirkungsgrad

Der Wirkungsgrad eines Gewindetriebs gibt an, wie viel der zugeführten Arbeit in Bewegung umgesetzt wird (Verhältnis Drehmoment–Längskraft). Der Rest trägt zur Erwärmung des Erdklimas bei. Bei Kugelgewindetrieben kann mit einem Wirkungsgrad von 80 bis 90 % gerechnet werden. Gängige Trapezgewindespindeln liegen, abhängig von den Abmessungen, dem Material der Spindelmutter und der Schmierung, bei Werten zwischen 20 % und 60 %. Zum Beispiel hat eine Trapezspindel mit 16 mm Durchmesser und 4 mm Steigung bei einer Mutter aus Rotguss einen Wirkungsgrad von rund 40 %, bei einer Mutter aus Nylatron steigt der Wirkungsgrad auf 60 %. Die Werte gelten mit Schmierung.

Der Wirkungsgrad der Spindel ist sehr wichtig für die Errechnung des notwendigen Motordrehmoments. Kugelgewindespindeln ermöglichen wegen ihres relativ hohen Wirkungsgrades die Verwendung schwächerer Motoren.

6.4.4. Spiel zwischen Spindel und Mutter

Unter dem Spiel versteht man den „toten Gang", den die Spindel bei einer Bewegungsumkehr zurücklegen muss, bis sich die Mutter wieder zu bewegen beginnt. Dieses Spiel sollte so gering wie möglich sein, allerdings sind der Verringerung bei Trapezgewindespindeln Grenzen gesetzt. Hier gibt es eigentlich nur die Möglichkeit, entweder den Innendurchmesser der Mutter und damit das Flankenspiel zu verringern oder zwei Muttern so gegeneinander zu verspannen, dass die eine Mutter dicht an den rechten und die andere Mutter dicht an den linken Gewindeflanken anliegt. Das gelingt zunächst einmal recht gut, aber durch den auftretenden, meist erhöhten Verschleiß ist die Spielverringerung nicht von

Dauer. Permanent sich selbst nachstellende Systeme mit Federn zwischen den beiden Muttern führen auch nicht wirklich weiter, weil sie die Steifigkeit des Spindelantriebs verringern. Das kann so weit gehen, dass die Feder bei relativ schwergängigen Führungen zunächst komprimiert wird und, kurz nach Erreichen der Position, doch die Oberhand über die Reibung gewinnt und die Achse ein Stückchen weiterspringt. Dass das keine Theorie ist, habe ich bei meinem ersten selbst gebauten CNC-Kreuztisch erfahren, in den ich diese Art der Spielkompensation eingebaut hatte. Macht man aber die Feder wesentlich stärker, werden wiederum die Reibung und der Verschleiß zu groß.

Doch warum muss das Spindelspiel eigentlich eliminiert werden? Jede vernünftige Steuerungssoftware hat – wie bereits im Abschnitt „Wiederholgenauigkeit" beschrieben – eine Möglichkeit, das Spindelspiel zu kompensieren. Wenn diese Kompensation in regelmäßigen Abständen kontrolliert und korrigiert wird, um den Verschleiß auszugleichen, hat das Spiel keinen Einfluss auf die Genauigkeit der Maschine. Das Spiel wirkt sich nur beim Gleichlauffräsen aus, wenn die Maschine sehr leichtgängige Führungen hat. Die Verhältnisse dabei kann man sich so vorstellen, dass der Fräser ein Zahnrad ist und das Werkstück eine Zahnstange. Das Werkstück (Zahnstange) wird vom Vorschub am Fräser vorbeigeschoben. Dabei dreht sich der Fräser so, als wolle er die Zahnstange ebenfalls in der Vorschubrichtung bewegen. Das führt dazu, dass, sobald die Kraft des Fräsers dazu ausreicht, das Werkstück zusätzlich zur Vorschubbewegung ruckartig um den Betrag des Spindelspiels in Vorschubrichtung bewegt wird. Das Ergebnis ist meist, dass der Fräser auf das Werkstück „klettert" und bei labilen Verhältnissen durchaus auch brechen kann. Bei einer konventionellen Fräsmaschine ist dieser Effekt leicht zu beobachten, weil es hier immer reichlich Spindelspiel gibt. Das kann sogar dazu führen, dass der Fräser bei ungenügender Selbsthemmung den Tisch ohne Zutun des Bedieners vor sich her treibt, ich habe das selbst erlebt. Bei unseren CNC-Fräsen kann das nicht passieren, weil der Schrittmotor sich nicht so einfach von der Spindel drehen lässt.

Sind die Führungen allerdings eher schwergängig und der Fräser hat einen geringen Durchmesser (2–4 mm), dann ist, nach meiner Erfahrung, Gleichlauffräsen auch mit Trapezspindeln kein Problem. Bei Gravierarbeiten treten diese Probleme überhaupt nicht auf. Bei größeren Fräserdurchmessern oder aus Sicherheitsgründen kann man natürlich auch im Gegenlauf fräsen.

Bei Kugelgewindespindeln stellt sich dieses Problem nicht. Auf Grund der Rollreibung zwischen Spindel und Muttern sind auch bei gegeneinander verspannten Muttern kein erhöhter Verschleiß und auch keine unzulässige Erwärmung zu befürchten. Neben der Verspannung zweier Muttern gibt es zudem die Möglichkeit, das Spiel durch Verringerung des Mutterndurchmessers (Isel) oder schon herstellerseitig durch einige etwas größere Kugeln im Umlauf zu eliminieren.

6.4.5. Selbsthemmung

Ein Vorteil des Spindelantriebs ist seine weitgehende Selbsthemmung, die nur unterbleibt, wenn die Gewindesteigung ein bestimmtes Maß übersteigt. Wissenschaftlich ausgedrückt: Selbsthemmung liegt vor, wenn der Gewinde-Steigungswinkel kleiner als der Gewinde-Gleitreibungswinkel ist. Da das hier keine Diplomarbeit ist, werde ich auf die Berechnung nicht näher eingehen. Sie merken das schon selbst: Wenn Sie versuchen, die Mutter auf der Spindel mit etwas Kraft zu verschieben und die Spindel dreht sich, dann ist der Antrieb nicht selbst hemmend. Kugelgewindespindeln sind weit weniger selbst hemmend, weil die Reibung zwischen Spindel und Mutter deutlich geringer ist als bei einer Trapezspindel. Bei den Trapezspindeln hängt der Grad der Selbsthemmung auch stark vom

Material der Mutter ab. Stahl und Rotguss haben einen hohe, Nylatron (Kunststoff mit eingelagerten MoS2-Partikeln) einen geringen Selbsthemmungsgrad.

Die Selbsthemmung bewirkt jedenfalls, dass die Achse blockiert ist, wenn der Motor stillsteht, so dass Kräfte, die auf die Achse einwirken, zum Beispiel beim Fräsen, keine Rückwirkung auf den Motor haben. Das Haltemoment des Motors kann also wesentlich geringer sein als zum Beispiel bei einem Zahnriemenantrieb.

6.4.6. Resonanzen und Verfahrgeschwindigkeit

Ein wichtiger bei der Konstruktion zu beachtender Faktor ist das Verhältnis zwischen Durchmesser und Länge der Spindel. Dünne, lange Spindeln neigen zum Schwingen; das kann so extrem werden, dass die Spindeln abknicken. Auch hier sind bei gleicher Stärke Trapezgewindespindeln im Nachteil, weil der Kerndurchmesser des Gewindes geringer ist als bei einer Kugelgewindespindel. Ich habe in dieser Hinsicht Erfahrungen mit meiner Portalmaschine gesammelt, die ich in der x-Achse zunächst mit einer Trapezspindel von 1.000 mm Länge und 12 mm Durchmesser ausgestattet hatte. An bestimmten Punkten des Verfahrweges traten derart üble Schwingungen auf, dass ich die Spindel gegen ein Exemplar mit 16 mm Durchmesser austauschen musste.

Bei Mädler gibt es unter http://www.maedler.de/katalog_de/files/trapezgewindetriebe.pdf ein Dokument mit allen Informationen über Trapezgewindetriebe, unter anderem auch ein Diagramm, das angibt, bei welcher Spindellänge und bei welchem Durchmesser die kritische Drehzahl der Spindel erreicht ist.

Darüber hinaus besteht die akute Gefahr von Resonanzschwingungen. Weil auch die Art der Lagerung einen großen Einfluss hat, gibt es für die unterschiedlichen Arten der Lagerung Korrekturfaktoren, mit der die im Diagramm gefundene Drehzahl zu multiplizieren ist.

Im Katalog der Firma Kammerer Gewindetechnik GmbH (http://www.kammerer-gewinde.com/katalog.htm), den Sie sich per Post bestellen sollten, gibt es hervorragende technische Informationen über Kugelgewindetriebe und Trapezgewindetriebe. Nach einem Diagramm aus diesem Katalog erreicht eine Kugelgewindespindel von 16 mm Durchmesser und 1.000 mm Länge ihre kritische Drehzahl bei 1.600 U/min, eine solche von 500 mm Länge bei 3.300 U/min. Bei einer an beiden Enden einfach gelagerten Spindel ist der Korrekturfaktor gleich eins. Die kleinste normal erhältliche Spindelsteigung beträgt bei 16 mm Durchmesser 2,5 mm (Isel). Daraus folgt, dass die maximale Verfahrgeschwindigkeit 1.600 U/min × 2,5 mm = 4.000 mm/min oder vier Meter je Minute sein kann. Mit etwas Sicherheit kommt man auf drei Meter je Minute. Bei einer Spindel mit 5 mm Steigung verdoppeln sich die Werte, allerdings muss man dann, wenn der Schrittmotor nur im Halbschritt mit 400 Schritten je Umdrehung arbeitet, ein Getriebe dazwischenschalten, weil die Auflösung bei Direktantrieb nur 0,0125 mm je Schritt beträgt. Nur fällt die Drehmomentkurve der meisten Schrittmotoren über 1.000 U/min so stark ab, dass schon allein dadurch der Verfahrgeschwindigkeit Grenzen gesetzt sind. Außerdem können, abhängig von der Bauart, bei hohen Geschwindigkeiten Resonanzen in den Führungen auftreten.

Es ist allerdings auch keine gute Idee, übermäßig dicke Spindeln einzubauen, um damit möglichen Resonanzen entgegenzuwirken. Das notwendige Drehmoment des Antriebsmotors hängt, neben der Masse der zu bewegenden Achse und dem Wirkungsgrad des Spindelantriebs, auch stark von der Masse der Spindel ab. Bei jeder Bewegung der Achse muss diese Masse vom Motor beschleunigt oder abgebremst werden, was bei schweren Spindeln ein erhebliches Drehmoment erfordert!

6.4.7. Kosten

Die Kosten für einen Meter Trapezgewindespindel à 16 mm × 4 mm und eine passende Nylatron-Mutter liegen bei 25,- €. Eine gerollte Kugelgewindespindel à 16 mm × 2,5 mm und 1.000 mm Länge kostet einschließlich Mutter, Spannblock und Abstreifern bei der Firma Deuss (der Hersteller ist Isel) rund 100,- €. Vorsicht übrigens bei Angeboten bei eBay, da können Sie für die gleichen Dinge wesentlich mehr bezahlen!

Im Online-Shop der Firma THK kostet eine 1.000 mm lange Spindel à 16 mm × 5 mm mit Flanschmutter rund 360,- €. Auch diese Spindel ist gerollt, bietet also keinen geringeren Steigungsfehler. Wie viel geschliffene Spindeln kosten, habe ich nicht recherchiert, ihr Preis dürfte aber mindestens doppelt so hoch sein.

6.4.8. Spindellagerung

Nach der herkömmlichen Methode werden Antriebsspindeln, egal ob Trapezspindeln oder Kugelgewindespindeln, an einem Ende in einem Festlager und am anderen Ende in einem Loslager gelagert. Das Festlager fixiert die Spindel axial und lässt nur eine Drehbewegung zu. Dafür werden in aller Regel zwei Schrägkugellager verwendet, die gegeneinander verspannt sind.

Soll das Loslager ein Wälzlager sein, dann bietet sich ein Nadellager an, wobei die Nadeln entweder auf einem rund geschliffenen Zapfen der Spindel laufen oder, mit unseren Mitteln leichter herzustellen, auf einem aufgepressten Innenring, den es passend zu den Nadelhülsen gibt. Alternativ kann das Loslager auch als Gleitlager ausgeführt werden, bestehend entweder aus Sinterbronze oder einem speziellen Kunststoff (igus). Das Loslager ermöglicht eine axiale Verschiebung der Spindel, so dass Längenänderungen auf Grund von Erwärmung ausgeglichen werden.

6.4.9. Spindelantrieb

Der Antrieb der Spindel kann an der Festlager- oder der Loslagerseite der Spindel erfolgen. Ich tendiere zum Antrieb an der Loslagerseite, weil er einfacher zu konstruieren ist. Weiter gibt es zwei Möglichkeiten, die Spindel anzutreiben: direkt vom Motor oder über ein Getriebe, meist mit Zahnriemen.

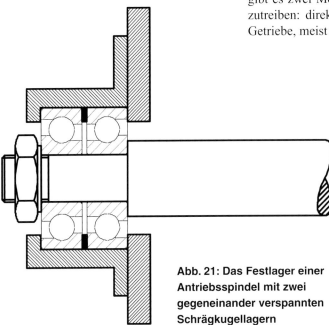

Abb. 21: Das Festlager einer Antriebsspindel mit zwei gegeneinander verspannten Schrägkugellagern

6.4.9.1. Direktantrieb

Der Direktantrieb hat den Vorteil, dass es eine starre Verbindung zwischen Motor und Spindel gibt – ohne Neigung zu Schwingungen – und dass er einfacher zu bauen ist. Allerdings ist eine drehstarre Kupplung zwischen Motor und Spindel erforderlich. Die Kupplung überträgt Drehbewegungen synchron und weitgehend ungedämpft, erlaubt aber einen Ausgleich von Winkel- und Axialversatz bis zu einem bestimmten Maß.

Die Kupplung besteht aus drei Teilen, dem Mitnehmer am Motor, dem Mitnehmer an der Spindel und einem Zwischenstück. Der dreiteilige Aufbau erleichtert die Montage des Motors ungemein, die sonst konstruktiv wesentlich schwerer zu realisieren wäre. Ich rate übrigens von so genannten Ausgleichskupplungen ab, die aus einem in Form einer Feder gefrästen Aluminiumteil bestehen. Ich habe solche Kupplungen verwendet und nach kurzer Zeit auswechseln müssen, weil sie Ermüdungsbrüche aufwiesen.

Allerdings ist der Direktantrieb nur bei einer geringen Spindelsteigung möglich, solange keine Steuerung mit Mikroschritten verwendet wird. Bei einer maximalen Schrittzahl von 400 Schritten im Halbschritt bewegt sich die Achse bei Spindelsteigungen von über 4 mm um mehr als 0,01 mm je Schritt – eine, wie ich glaube, zu geringe Auflösung. Doch das muss jeder gemäß dem Einsatzzweck seiner Maschine selbst entscheiden.

6.4.9.2. Zahnriemenübersetzung

Beim Antrieb der Spindel über eine Zahnriemenübersetzung ist der Motor mit einem Zahnriemen an die Spindel gekoppelt. Dabei lassen sich fast beliebige Übersetzungsverhältnisse einstellen. Die Verbindung über ein Zahnradgetriebe wäre natürlich ebenso möglich, allerdings hat ein Zahnradgetriebe Spiel, und das lässt sich nur mit hohem konstruktiven Aufwand beseitigen. Demgegenüber ist ein Zahnriemenantrieb praktisch spielfrei und läuft fast geräuschlos. Theoretisch gibt es zwar auf Grund der Elastizität des Riemens eine Neigung zu Schwingungen, die aber wegen des sehr kurzen Riemens wohl keine Bedeutung hat.

Das Übersetzungsverhältnis eines Zahnriemenantriebs ist leicht zu berechnen, indem man die Zahl der Zähne auf der getriebenen Scheibe durch die der treibenden Scheibe teilt. Eine Untersetzung von 2:1 ist ein guter Kompromiss zwischen Auflösung und Verfahrgeschwindigkeit. Die Größe der Scheiben sollte nicht zu klein gewählt werden, weil der Zahnriemen sonst zu schnell verschleißt.

Alles über Zahnriemenantriebe finden Sie, wenn Sie sich folgendes PDF herunterladen: http://www.maedler.de/katalog_de/files/zahnriemenantriebe.pdf. Die dort verwendeten Längen- und Durchmesserangaben beziehen sich übrigens auf die Wirklängen der Zahnriemen und die Wirkdurchmesser der Zahnriemenscheiben. Der Wirkdurchmesser einer Zahnriemenscheibe ist größer als der Außendurchmesser, weil er sich ja im aufliegenden Riemen befindet. In den Maßtabellen ist das der Durchmesser „do". Bei den Zahnriemen ist die Wirklänge ausdrücklich angegeben.

Ich baue meine Zahnriemengetriebe übrigens ohne Spannrollen. Sie sind bei genauem Einhalten des errechneten Achsabstands bei der Fertigung überflüssig.

6.4.9.3. x-Achse mit einer Spindel

Will man die x-Achse nur mit einer Spindel betreiben, dann sollte die Spindelmutter tunlichst in der Mitte des Portals befestigt sein. Andernfalls wird sich das Portal in Folge der Hebelwirkung verkanten, was zu Schwergängigkeit in den Führungen führt. Um die Spindelmutter in der Mitte zu befestigen, müssen die seitlichen Führungslager des Portals durch einen Unterzug unter der Aufspannplatte miteinander verbunden sein. In der Mitte des Unterzugs wird dann die Spindelmutter befestigt. Daraus folgt, dass die Aufspannplatte auf Füßen stehen muss, damit der Unterzug sich unter der Platte bewegen kann.

6.4.9.4. x-Achse mit zwei Spindeln

Den eben beschriebenen Schwierigkeiten geht der Antrieb mit zwei Spindeln aus dem Weg. Hier ist an jeder Portalseite eine Spindelmutter befestigt, die von einer eigenen Spindel bewegt wird. Das Problem dieser Konstruktion ist die synchrone Drehung der Spindeln. Erfolgt sie nicht absolut synchron, verkantet das Portal ebenfalls und der Aufwand ist nutzlos. Für die Synchronisation der Spindeln gibt es zwei Möglichkeiten: zum einen die Kopplung der Spindeln über einen oder zwei Zahnriemen, zum anderen die elektrische Synchronisation über das Steuerprogramm.

Die Kopplung mit einem Zahnriemen sieht so aus, dass der Motor eine Spindel antreibt und die zweite Spindel mit einem langen Zahnriemen von der ersten angetrieben wird. Beim Antrieb mit zwei Zahnriemen sitzt der Motor in der Mitte zwischen den Spindeln und treibt mit zwei Zahnriemenscheiben auf seiner Welle die beiden Spindeln an. Das zweite Verfahren ist eleganter, weil eine Untersetzung zwischen Motor und Spindeln ohne zusätzlichen Aufwand möglich ist.

Für die elektrische Kopplung sind zwei Schrittmotoren erforderlich, für jede Spindel einer. Dafür spart man sich die Zahnriemenantriebe und die Motoren können kleiner sein, weil sie nur jeweils eine Spindel antreiben müssen. Allerdings wird eine zweite Schrittmotor-Endstufe für den zusätzlichen Motor benötigt. Unbedingt erforderlich sind auch zwei genau justierte Referenzschalter, einer je Portalseite. Kommen die Schrittmotoren durch irgendeinen Umstand „außer Tritt", wird eine Referenzfahrt durchgeführt, die beide Portalseiten wieder auf dieselbe Ausgangsposition bringt. In der Steuersoftware „Mach3" ist ein solches Verfahren vorgesehen, es nennt sich dort „Slaving". Dabei wird einer Hauptachse (meist der x-Achse) eine Nebenachse zugeordnet (meist C). Haupt- und Nebenachse bekommen daraufhin synchrone Schritt- und Richtungssignale von der Software.

Sie denken jetzt vielleicht, dass das Gleiche durch die elektrische Verbindung der Schritt- und Richtungsimpulse zweier Endstufen erreicht werden kann. Das geht aber

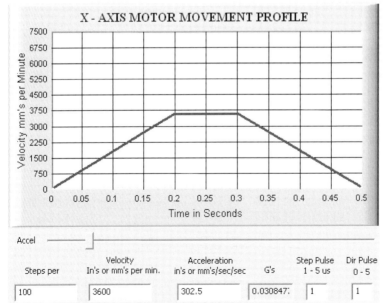

Abb. 22: Die Beschleunigungsrampe einer Achse, wie sie in der Software „Mach3" konfiguriert werden kann. Die Fahrgeschwindigkeit ist auf 3,6 m/min und die Beschleunigungszeit auf 0,2 Sekunden eingestellt

nur eine Weile gut. Wenn die Schrittmotoren „außer Tritt" geraten, haben Sie keine Möglichkeit mehr, sie zu synchronisieren.

6.5. Auswahl der Schrittmotoren

Die Auswahl der Schrittmotoren für eine Maschine ist nicht so einfach. Auf keinen Fall sollte man nach der Devise vorgehen „Viel hilft viel" und die größten Motoren einbauen, die die Steuerung noch mit Strom versorgen kann. Ein Teil des Drehmoments beim Anlaufen eines Schrittmotors wird nämlich auch dafür aufgewendet, die Massenträgheit seines Rotors zu überwinden.

Doch aus welchen Teilmomenten setzt sich nun das erforderliche Drehmoment des Schrittmotors zusammen (das gilt übrigens nicht nur für Schrittmotoren)? Die Teilmomente sind:

1. das Drehmoment, um die statische Last zu bewegen, die sich wiederum aus der Masse des Tischs oder des Portals und aus der Schnittkraft zusammensetzt;
2. das Drehmoment, um die dynamische Last zu beschleunigen, die sich wiederum aus der Masse des Tischs oder des Portals, der Masse der Spindel und der Masse des Rotors im Motor zusammensetzt.

Die statische Last muss der Motor ständig aufbringen, die dynamische nur beim Beschleunigen der Achse. Dabei muss die Beschleunigung auf die Eilganggeschwindigkeit über eine so genannte Beschleunigungsrampe erfolgen. Das bedeutet, die Geschwindigkeit wird von Null bis zum Maximum innerhalb eines bestimmten Zeitraums, zum Beispiel 0,2 Sekunden, kontinuierlich gesteigert. Im Gegensatz dazu wird die Drehzahl im Start-Stopp-Betrieb schlagartig auf das Maximum gebracht. Allerdings ist ein Start-Stopp-Betrieb praktisch nicht möglich. Ein Schrittmotor, der bei einer Beschleunigungszeit von 0,2 Sekunden nur rund 0,75 Nm Drehmoment benötigt, um die Achse auf Maximalgeschwindigkeit zu bringen, würde bei einer Beschleunigungszeit von 0,0001 Sekunden unglaubliche 150 Nm benötigen, also den zweihundertfachen Wert! Davon würde der Motor allein, also ohne Last, schon 22 Nm verbrauchen.

Die oben genannten Teilmomente werden addiert und mit einem Sicherheitsfaktor multipliziert, um auf der sicheren Seite zu sein. Anhand des sich ergebenden Drehmoments wird dann der Motor ausgewählt. Dabei ist die Kennlinie des Motors wichtig, weil er das geforderte Drehmoment auch noch bei größeren Drehzahlen aufbringen muss, an-

Berechnung des Motordrehmoments für Spindelantriebe	
Eilganggeschwindigkeit	3,6 [Meter / Minute]
Länge der Beschleunigungsrampe	0,2 [Sekunden]
Gewicht des Tisches / Portals	30 [kg]
Schnittkraft	100 [N]
Reibungszahl der Führungen	0,2
Wirkungsgrad der Spindel	0,3
Länge der Spindel	1000 [mm]
Durchmesser der Spindel	16 [mm]
Spindelsteigung	4 [mm / Umdrehung]
Getriebeübersetzung	1 Direktantrieb = 1
Trägheitsmoment des Motors	290 [gcm²]
Sicherheitsfaktor	2
Drehzahl der Spindel bei Eilgang	900 1/min
Winkelgeschwindigkeit der Spindel	94,2 [1/s]
Winkelbeschleunigung innerhalb der Rampenzeit	471,0 [1/s²]
Drehzahl des Motors bei Eilgang	900 1/min
Winkelgeschwindigkeit der Motorwelle	94,2 [1/s]
Winkelbeschleunigung innerhalb der Rampenzeit	471,0 [1/s²]
Reibungskraft Tisch / Portal	58,9 [N]
Reibmoment an der Motorwelle	0,1250 [Nm]
Schnittmoment an der Motorwelle	0,2123 [Nm]
Drehmoment für statische Last	**0,3373 [Nm]**
Trägheitsmoment der Spindel	505 [gcm²]
Trägheitsmoment Tisch / Portal	122 [gcm²]
Drehmoment für dynamische Last	**0,0295 [Nm]**
Trägheitsmoment des Motors	290 [gcm²]
Drehmoment zur Beschleunigung des Motors	**0,0137 [Nm]**
Erforderliches Drehmoment	**0,3805 [Nm]**
Erforderliches Drehmoment einschl. Sicherheitsfaktor	**0,7609 [Nm]**

Abb. 23: Ausdruck einer Motorberechnung

dernfalls wird die Eilganggeschwindigkeit zu niedrig werden.

Ab jetzt wird es etwas mathematisch, weil für die Berechnung des Motordrehmoments einige Formeln aus der Mechanik erforderlich sind. Aber keine Angst, die Grundrechenarten und das Potenzieren reichen aus. Wem auch das zu kompliziert ist, der findet auf meiner Webseite www.einfach-cnc.de im Servicebereich ein Excel-Spreadsheet, das nach Eingabe der Eingangswerte die Drehmomentberechnung automatisch durchführt. Den Ausdruck einer Beispielrechnung, deren einzelne Formeln ich in der Folge erklären werde, finden Sie in Abb. 23.

Die in der Berechnung benutzten Formelzeichen lauten (die Eingangswerte für das Beispiel stehen in Klammern):

- v = Geschwindigkeit der Achse im Eilgang in m/min (3,6)
- $n[S]$ = Drehzahl der Spindel in U/min
- $n[M]$ = Drehzahl des Motors in U/min
- i = Übersetzungsverhältnis zwischen Motor und Spindel, dimensionslose Zahl (1)
- µ = Reibungszahl der Führungen, eine dimensionslose Zahl (0,2)
- m = Masse des Tischs oder des Portals in kg (30)
- g = Erdbeschleunigung (9,81 m/s^2)
- h = Steigung der Spindel in m (0,004)
- L = Länge der Spindel in m (1)
- D = Durchmesser der Spindel in m (0,016)
- π = Kreiszahl (3,14)
- η = Wirkungsgrad der Spindel, eine dimensionslose Zahl (0,3)
- F = Schnittkraft, mit der das Material gegen den Fräser gedrückt wird, in N (100)
- $J[S]$ = Massenträgheitsmoment der Spindel in gcm^2
- $J[L]$ = Massenträgheitsmoment der Last (Tisch, Portal) in gcm^2
- $J[M]$ = Massenträgheitsmoment des Motors in gcm^2 (Datenblatt)
- $\omega[S]$ = Winkelgeschwindigkeit der Spindel in 1/s
- $\omega[M]$ = Winkelgeschwindigkeit der Motorwelle in 1/s
- $t[R]$ = Rampenzeit in s (Beschleunigungszeit = 0,2)
- $\alpha[S]$ = Winkelbeschleunigung der Spindel in 1/s^2
- $\alpha[M]$ = Winkelbeschleunigung der Motorwelle in 1/s^2
- $M[BL]$ = Drehmoment zur Beschleunigung der Spindel und der Last in Nm
- $M[BM]$ = Drehmoment zur Beschleunigung des Motors in Nm
- $M[L]$ = Drehmoment für die statische Last in Nm

Den einzigen Eingangswert, den Sie erst kennen, nachdem Sie einen Motor ausgewählt haben, ist das Trägheitsmoment des Motors selbst. Hier können Sie zunächst mit einem provisorischen Wert arbeiten, zum Beispiel 500 gcm^2, und anschließend die Rechnung mit dem gefundenen Wert nochmals durchführen, um zu prüfen, ob das Drehmoment des Motors ausreicht. Wenn Sie mein Excel-Spreadsheet verwenden, können Sie alles mit verschiedenen Motoren bequem durchrechnen.

Die Eingangswerte für die Reibzahl und den Wirkungsgrad der Spindel können Sie den folgenden Tabellen entnehmen:

Reibzahlen (Haftreibung, geschmiert):
– Stahl auf Stahl: 0,1
– Stahl auf Gusseisen: 0,15
– Stahl auf Cu-Sn: 0,1
– Stahl auf Polyamid: 0,15
– Wälzführungen: 0,01

Wirkungsgrade (geschmiert):
– Stahl-Rotguss: 0,4
– Stahl-Nylatron: 0,6
– Kugelgewindespindel: 0,9

Als Erstes ermitteln wir die Drehzahlen von Motor und Spindel bei Eilganggeschwindigkeit:
$n[S] = v : h = 3,6 : 0,004 = 900$ U/min
$n[M] = n[S] \times i = 900 * 1 = 900$ U/min
Anschließend die statischen Momente:

a) Reibungskraft am Tisch oder Portal
$F[R] = \mu \times m \times g = 0,2 \times 30 \times 9,81 = 58,9$ N

Die Ermittlung der Reibungskraft birgt eine Menge Unsicherheiten. Es ist daher besser, sie mit einer Federwaage „am Objekt" zu ermitteln. Befestigen Sie einfach eine Federwaage am Portal oder am Tisch Ihrer Maschine und stellen Sie fest, welches Gewicht die Waage anzeigt, kurz bevor der Tisch oder das Portal sich bewegt. Dieses Gewicht in kg multiplizieren Sie mit zehn, dann haben Sie annähernd die Kraft in Newton.

Achtung! Wenn die Achse senkrecht steht, wie bei der z-Achse meist der Fall, müssen Sie statt des Werts für µ die Zahl 1 in die Formel einsetzen!

b) Drehmoment für die Reibung
$M[R] = (F[R] \times h) : (2 \times \pi \times \eta)$
$= (59 \times 0,004) : (2 \times 3,14 \times 0,3)$
$= 0,125$ Nm

c) Drehmoment für die Schnittkraft
$M[S] = (F \times h) : (2 \times \pi \times \eta)$
$= (100 \times 0,004) : (2 \times 3,14 \times 0,3)$
$= 0,212$ Nm

d) Gesamtes Drehmoment für die statische Last an der Spindel
$M[L] = (M[R] + M[S]) : i$
$= (0,125 + 0,212) : 1 = 0,337$ Nm
Danach die dynamischen Momente:

e) Trägheitsmoment der Spindel
$J[S] = (7850 \times \pi \times L \times D \times D \times D \times D) : 0,0000032$
$= (7850 \times 3,14 \times 1 \times 0,016 \times 0,016 \times 0,016 \times 0,016) : 0,0000032$
$= 505$ gcm^2

f) Trägheitsmoment der Last
$J[L] = m \times (h : (2 \times \pi))^2 \times 10.000.000$
$= 30 \times (0,004 : (2 \times 3,14))^2 \times 10.000.000$
$= 121$ gcm^2

g) Trägheitsmoment des Motors
$J[M] = 290$ gcm^2
Und zum Schluss die Drehmomente:

h) Winkelgeschwindigkeit der Spindel bei Eilganggeschwindigkeit
$\omega[S] = (3,14 \times n[S]) : 30 = (3,14 \times 900) : 30 = 94,2$ 1/s

i) Winkelgeschwindigkeit des Motors bei Eilganggeschwindigkeit
$\omega[M] = (3,14 \times n[S]) : 30$
$= (3,14 \times 900) : 30 = 94,2$ 1/s

j) Winkelbeschleunigung der Spindel
$\alpha[S]$ q $= \omega[S] : t[R] = 94,2 : 0,2$
$= 471,0$ 1/s^2

k) Winkelbeschleunigung der Motorwelle
$\alpha[M]$ q $= \omega[S] : t[R] = 94,2 : 0,2$
$= 471,0$ 1/s^2

l) Drehmoment zur Beschleunigung der Spindel und der Last
$M[BL] = (J[S] + J[L]) \times \alpha[S] : 10.000.000$
$= (505 + 121) \times 471 : 10.000.000$
$= 0,0295$ Nm

m) Drehmoment zur Beschleunigung des Motors
$M[BM] = J[M] \times \alpha[S] : 10.000.000$
$= 290 \times 471 : 10.000.000$
$= 0,0137$ Nm

n) Gesamtes Erforderliches Drehmoment an der Motorwelle
$M[G] = (M[BL] + M[BM] + M[L]) \times$ Sicherheitsfaktor
$= (0,0295 + 0,0137 + 0,337) \times 2$
$= 0,760$ Nm

Nachdem nun das erforderliche Drehmoment bekannt ist und auch die Drehzahl, bis zu der es aufgebracht werden muss (900 U/min), können wir einen passenden Motor auswählen. In Frage kommen zunächst alle Motoren, deren Haltemoment über dem erforderlichen Drehmoment und deren Strom je Wicklung mal 1,41 kleiner oder gleich dem Strom ist, den die Steuerung maximal abgeben kann. Anschließend sehen Sie sich die Kennlinien der in Frage kommenden Motoren an. Das Beispiel für eine Kennlinie finden Sie in Abb. 24.

Entscheidend ist, dass das Drehmoment des Motors bei der geforderten Maximaldrehzahl (im Beispiel 900 U/min) noch über dem geforderten Drehmoment liegt. Dann ist der Motor für den gedachten Zweck geeignet. Hier wird nun die Problematik eines Spindelantriebs über ein Getriebe deutlich. Hätten wir ein Getriebe im Verhältnis von 2:1 vorgesehen, dann müsste der Motor mit 1.800 statt mit 900 U/min drehen, um die geforderte Eilganggeschwindigkeit zu erreichen. Das geforderte Drehmoment würde dadurch auf 0,45 Nm sinken. Wir kommen dann aber in einen Bereich der Kennlinie, in dem das Motordrehmoment schon unter 0,4 Nm liegt.

Die Kennlinie eines Motors, der überhaupt nicht für unser Beispiel passen würde, sehen Sie in Abb. 25. Das ist eindeutig ein Motor für ein großes Drehmoment bei geringen Drehzahlen. Bei 900 U/min fiele das Drehmoment auf 0,4 Nm ab. Das beweist meine schon mehrfach geäußerte Ansicht, dass man keine Schrittmotoren bei eBay kaufen sollte, es sei denn, man besitzt alle erforderlichen Daten, einschließlich der Kennlinie, und es handelt sich um garantiert fabrikneue Motoren.

Für den Einbau in meine Maschine habe ich keinen wirklich geeigneten Motor gefunden. Auf Grund des hohen Sicherheitsfaktors in der Berechnung entschied ich mich dann für den ST 5818S3008 von Nanotec, dessen Kennlinie Sie in Abb. 26 sehen. Diese Wahl habe ich nicht bereut.

Das Motorträgheitsmoment finden Sie übrigens bei Nanotec in der Übersicht der Motoren in der Spalte „Rotorträgheitsmoment".

6.6. Schwingungsdämpfer

Resonanzen, die speziell beim gleichzeitigen Verfahren von x- und y-Achse mit wechselnden Geschwindigkeiten auftreten, zum Beispiel beim Abfahren von Kreisbögen, werden durch Schwingungsdämpfer wirkungsvoll unterdrückt. Die von mir verwendeten Schwingungsdämpfer bestehen aus einer runden Stahlscheibe, die auf den freien Wellenenden der Schrittmotoren befestigt werden, und aus einem Ringmagneten, der auf der Stahlscheibe sitzt. Zwischen Magnet und Scheibe befindet sich eine Teflonfolie, die für eine definierte Reibung zwischen den beiden Teilen sorgt. Der Magnet dämpft durch seine Massenträgheit auftretende Schwingungen und Resonanzen. Das Ganze klingt zwar recht primitiv, tut aber durchaus seine Wirkung, wie ich feststellen konnte.

Alternativ gibt es auch Schwingungsdämpfer, die eine Silikonfüllung besitzen. Ich habe sie aber noch nicht ausprobiert. Wichtig ist, dass Sie Motoren mit zwei Wellenenden kaufen, andernfalls können Sie die Schwingungsdämpfer nicht verwenden!

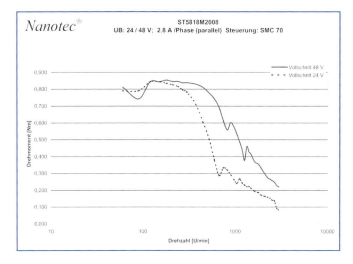

Abb. 24: Die Kennlinie des ST 5818M2008 von Nanotec. Dies ist zwar ein kräftiger Motor mit 1,05 Nm Haltemoment, auf Grund seiner Drehzahl-Drehmoment-Kennlinie ist er aber ungeeignet, weil das Drehmoment bei 900 U/min unter den geforderten Wert von 0,76 Nm abfällt

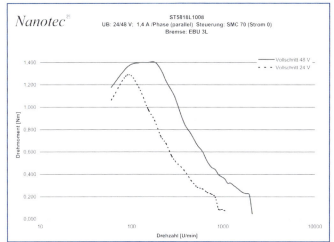

Abb. 25: Kennlinie eines für unsere Beispielrechnung ungeeigneten Motors. Beachten Sie den starken Abfall des Drehmoments über 200 U/min.

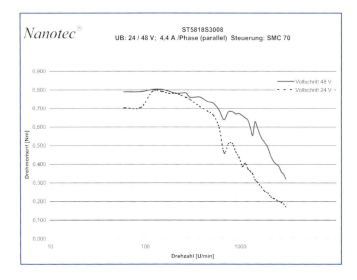

Abb. 26: Die Kennlinie des ST 5818S3008 von Nanotec. Sie sehen den relativ gleichmäßigen Verlauf, bei 1.000 U/min und 48 V Spannung hat der Motor noch fast sein volles Drehmoment

7. Rahmen und Aufspannplatte

7.1. Maschinen mit Rahmen

Bei dieser Art von Maschinen dient ein Rahmen, meist aus genormten Aluminiumprofilen hergestellt, als Rückgrat der Maschine. Die Führungen der x-Achse sind an den Rahmenprofilen befestigt. Auf dem Rahmen liegt dann die Aufspannplatte. Der Vorteil dieser Bauart ist, dass die Aufspannplatte leichter gebaut sein kann und auch nicht unbedingt aus Aluminium bestehen muss. Es kann auch eine Platte aus MDF oder eine Vakuum-Aufspannplatte sein. Der zweite Vorteil ist, dass sich die Aufspannplatte, etwa bei Beschädigungen, leicht auswechseln lässt.

Der Nachteil der Bauart ist, dass bei Verwendung einer Aufspannplatte aus Aluminium der Aufwand für den Rahmen und die Aufspannplatte größer ist als nur für eine stärkere Aufspannplatte.

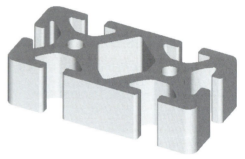

Abb. 28: Für den Rahmen einer Maschine geeignetes hohes Profil in schwerer Ausführung von 80 mm × 40 mm.

Abb. 27:
Für den Rahmen einer Maschine geeignetes Profil in der schweren Ausführung von 40 mm × 40 mm. Erhältlich fertig zugeschnitten in praktisch beliebigen Längen

Der Rahmen wird meist aus Standard-Aluminiumprofilen gebaut, die bei verschiedenen Herstellern in unterschiedlichen Abmessungen erhältlich sind. Lieferanten finden Sie im Anhang.

7.2. Maschinen ohne Rahmen

Maschinen ohne Rahmen brauchen eine kräftige Aufspannplatte, weil die Führungen daran befestigt sind. Der Vorteil ist die einfachere Bauart, der Nachteil ist, dass die Aufspannplatte nicht ausgewechselt werden kann.

7.3. Maschinen mit Rahmen, ohne Aufspannplatte

Es gibt auch Maschinen, die keine Aufspannplatte haben, sondern nur einen Rahmen. Der Vorteil dieser Bauart ist, dass die Maschine auch auf das Werkstück, zum Beispiel eine

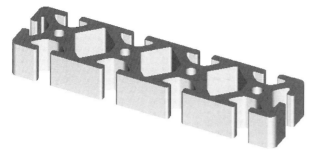

Abb. 29: Ein schweres Profil mit den Abmessungen 160 mm × 40, das zum Bau einer Maschine ohne Rahmen geeignet ist. Wird eine breitere Aufspannplatte gewünscht, können die Profile aneinander gereiht werden

große Holz- oder Blechplatte, gestellt werden kann. Damit ist es möglich, Werkstücke beliebiger Größe in Teilbereichen zu bearbeiten. Weil die Aufspannplatte mit der Maschine nicht fest verbunden ist, lässt sie sich sehr schnell auswechseln.

Die Nachteile dieser Bauart sind, dass der Rahmen recht kräftig sein muss und dass der Antrieb der x-Achse grundsätzlich nur mit zwei Vorschubspindeln, die links und rechts am Rahmen angebracht sind, funktioniert.

7.3.1. Aufspannplatte

Die übliche Art der Aufspannplatte ist ein gezogenes Aluminiumprofil, das in Längsrichtung eine Reihe Nuten mit T-Profil aufweist. In die Nuten passen Nutensteine mit Gewinde, so dass ein Werkstück mit Spannpratzen an beliebiger Position auf der Platte befestigt werden kann.

Aufspannplatten gibt es bei Profilherstellern in unterschiedlichen Stärken, Breiten und Nutenabständen. Die gängige Profilbreite ist 240 mm, die Stärken betragen 16 oder 28 mm. Um eine breitere Aufspannplatte zu haben, müssen also Profile aneinander gereiht werden. Ein besonderes Profil bietet die Firma iselautomation an. Das Profil ist 375 mm breit, 20 mm stark und hat Nuten in Abständen von 25 oder 50 mm. Das Profil ist beidseitig plan gefräst, was es für Aufspannplatten besonders geeignet macht. Allerdings ist es gegenüber anderen Profilen merklich teurer.

7.3.2. MDF-Platte

Die billigste Lösung ist eine kräftige MDF-Platte, die auf den Rahmen geschraubt wird. Diese Art der Aufspannplatte hat den Vorzug, dass bedenkenlos hineingefräst werden kann; wenn die Platte zu sehr beschädigt ist, lässt sie sich leicht ersetzen. Werkstücke können an beliebiger Position aufgespannt werden, es reichen im Prinzip Holzschrauben zur Befestigung. Auch die Klebebefestigung mit Kontaktkleber oder doppelseitigem Klebeband ist möglich.

7.3.3. Vakuumplatte

Sollen nur flächige Teile bearbeitet werden, ist es sinnvoll, gleich eine Vakuumplatte auf dem Rahmen zu befestigen. Eine Vakuumplatte saugt durch Unterdruck, der durch eine Pumpe oder einen Staubsauger erzeugt wird, das Werkstück an der Platte fest. Die Haltekraft reicht, um in das Werkstück zu gravieren oder um Konturen herauszufräsen.

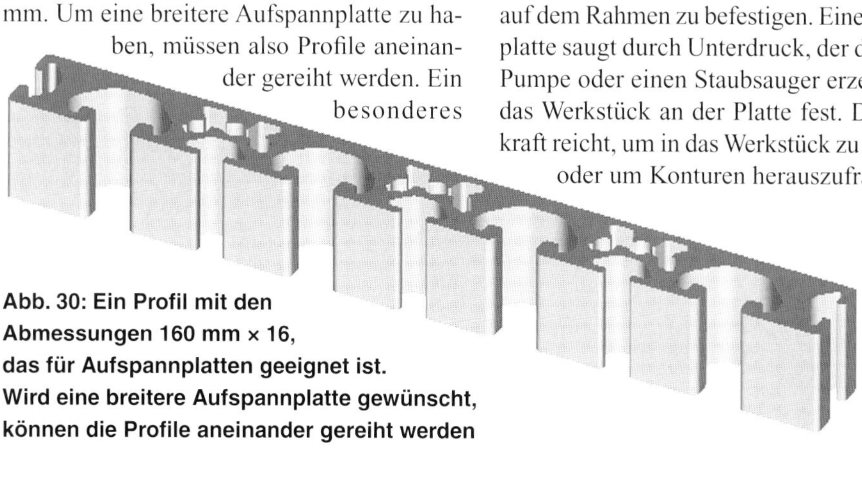

Abb. 30: Ein Profil mit den Abmessungen 160 mm × 16, das für Aufspannplatten geeignet ist. Wird eine breitere Aufspannplatte gewünscht, können die Profile aneinander gereiht werden

8. Grundsätzlicher Aufbau

8.1. Lage der x-Führungen

Die Lage der x-Führungen ist teilweise schon durch die Rahmenbauart vorgegeben. Bei einer Maschine ohne Rahmen und ohne Aufspannplatte, die auf das Werkstück gestellt werden soll, können die Führungen nicht unter dem Rahmen liegen. Ansonsten können die Führungen seitlich, über oder unter dem Rahmen oder der Aufspannplatte angeordnet sein. Um die Führungen vor Staub, Spänen und Beschädigungen zu schützen, ist es eine gute Idee, sie unter dem Rahmen oder der Aufspannplatte anzubringen.

8.1.1. Oberhalb des Rahmens oder der Aufspannplatte

Die Platzierung über dem Rahmen oder der Aufspannplatte ist die einfachste und billigste Methode, allerdings liegen die Führungen und wahrscheinlich auch die Gewindespindeln ganz im Frässtaub. Diese Anordnung ist eigentlich auch nur sinnvoll, wenn für die Bewegung der x-Achse zwei Gewindespindeln vorgesehen sind. Wegen des sonst nötigen Unterzugs, der es erlaubt, die Spindel mittig unter der Aufspannplatte anzubringen, könnte man auch die Führungen gleich unter der Platte anbringen.

8.1.2. Neben dem Rahmen oder der Aufspannplatte

Die Position links und rechts neben dem Rahmen bietet sich für Laufrollenführungen an. Die Firma Item liefert Wellenklemmprofile, mit denen die Führungswellen beispielsweise oben und unten an der Aufspannplatte befestigt werden können. Darauf laufen dann Führungswagen, die mit den Seitenteilen des Portals verschraubt sind. Ein Beispiel dafür finden Sie in Abb. 12. Stellen Sie sich die Führung nur um 90° nach vorn gekippt vor: Der Teil mit den Führungswellen wäre die Aufspannplatte oder der Rahmen, das kurze Teil, verlängert nach oben, wäre das Portalseitenteil. Aber auch für Profilschienen-Wälzführungen wäre diese Position gut geeignet, weil die Portalseitenteile direkt mit den Führungswagen verschraubt werden können.

8.1.3. Unter dem Rahmen oder der Aufspannplatte

Unter dem Rahmen sind die Führungen natürlich am besten geschützt. Weil das voraussetzt, dass die Maschine auf Füßen steht, ist diese Position nur wirklich sinnvoll, wenn die x-Achse von einer einzelnen Spindel angetrieben wird, weil die Maschine wegen des dann nötigen Unterzugs sowieso auf Füßen stehen muss. Am Unterzug können so auch gleich die beweglichen Führungselemente befestigt werden.

8.3. Ausführung des Portals (y-Achse)

Das Portal sollte so massiv und biegesteif wie möglich gebaut sein. Bei Maschinen mit Rundführungen sieht man häufiger, dass die Portalseitenteile von den Rundführungen ohne weitere Versteifungen zusammengehalten werden und die Führungen selbst auch nicht abgestützt sind. Solche Maschinen sind nur für sehr leichte Fräs-, Gravier- oder Schneideaufgaben geeignet. Ich rate dazu, die Portalseitenteile mit einem massiven Querjoch zu verbinden, an das die Führungen geschraubt sind. Rundführungen werden gegen das Querjoch abgestützt.

Wichtig ist beim Portal noch, dass die Abstützung auf den Führungen der x-Achse möglichst breit ausfällt, um der Kippneigung entgegenzuwirken. Das setzt allerdings breite Portalseitenteile voraus, was wiederum den möglichen Verfahrweg bei gegebener Grundfläche der Maschine einschränkt. Hier gilt es also, einen vernünftigen Kompromiss zu finden.

8.4. Ausführung der z-Achse

Wegen der geringen Verfahrwege und der geringeren Verfahrgeschwindigkeit ist der Aufbau der z-Achse recht problemlos. Ich würde hier keine teuren Profilschienen-Wälzführungen oder Laufrollenführungen einsetzen, sondern Rundführungen verwenden.

Wichtig ist auch, die z-Achse möglichst schmal zu bauen, um die Verfahrwege in der y-Richtung nicht unnötig einzuschränken. Die Höhe sollte so gering wie möglich sein, um eine geringere Hebelwirkung für Schwingungen zu haben. Deshalb verwende ich bei meiner Maschine ein Zahnriemengetriebe, damit der Motor nicht über, sondern hinter der Antriebsspindel eingebaut werden kann.

9. Frässpindel

9.1. Oberfräse als Frässpindel
Drehzahl und Leistung der Frässpindel (sie hält das Werkzeug und treibt es an) hängen natürlich vom geplanten Einsatzzweck ab. Gern genommen werden Fräsmotoren, wie sie zum Beispiel die Firma Kress anbietet. Der Kress 800 FME hat eine Leistungsaufnahme von 800 W und eine regelbare Leerlaufdrehzahl von 10.000– 29.000 U/min. Damit ist er sicherlich für die meisten Fräs- und Gravierarbeiten geeignet. Beachten sollten Sie allerdings das eingeschränkte Angebot an Spannzangen. Neben 8 mm großen (im Lieferumfang enthalten) gibt es nur noch 6 und 6,35 mm große Spannzangen. Das ist für die üblichen Holzfräser und Schleifstifte in Ordnung, für kleine Fräser, Gravierstifte und Bohrer aber ungeeignet. Es gibt freilich von verschiedenen Anbietern auch Spannzangen für kleinere Schaftdurchmesser, beispielsweise von www.cnc-plus.de. Daneben gibt es auch die Möglichkeit, zum Bohren ein kleines Bohrfutter mit einem 8-mm-Zapfen zu versehen und in die Spannzange zu spannen. Für größere Bohrer kann allerdings die minimale Drehzahl von 10.000 U/min zu hoch sein.

9.2. Aus Kleinwerkzeugen (Proxxon, Dremel)
Kleinwerkzeuge sind für feine Arbeiten geeignet und können mit einem entsprechenden Spannzangensatz kleine Bohrer und Fräser beliebiger Größe spannen. Auf Grund ihrer vergleichsweise geringen Leistung werden sie zum Beispiel für das Leiterplattengravieren oder Leiterplattenbohren verwendet.

9.3. Frässpindel im Eigenbau
Als Alternative bleibt der Eigenbau. Die Frässpindel, die ich für meine Maschine gebaut habe, ist doppelt kugelgelagert und für ER-16-Spannzangen eingerichtet. Diese doppelt geschlitzten Zangen (DIN 6499, Form B) spannen Bohrer und Fräser von 1 mm bis 10 mm, ein Bohrfutter ist damit nicht erforderlich. Bei sauberer Ausführung von Spindel und Zangen ist ein Rundlauf im Bereich von 0,01 bis 0,03 mm erreichbar. Auf Grund des großen Lagerabstands und der großen Lager (Innendurchmesser 17 mm!) läuft die Spindel auch sehr stabil. Die Spindel hat außerdem noch eine Arretierung, damit man beim Fräserwechsel nicht mit zwei Schraubenschlüsseln hantieren muss.

Der Antrieb der Spindel kann nach verschiedenen Methoden erfolgen, entweder über einen Riemenantrieb oder direkt. Auch bei der Wahl des Motors gibt es verschiedene Möglichkeiten. Ich habe mich für einen bürstenlosen Gleichstrommotor von Nanotec mit 150 W Leistung und nominell 14.000 U/min entschieden, den ich mit bis zu 20.000 U/min betreibe. Der Motor kann leider nicht einfach an den Strom angeschlossen werden, er braucht eine spezielle Ansteuerelektronik, die ich bei Maxxon gekauft habe. Die Elektro-

Abb. 31: Die fertige Frässpindel mit dem Motor-Controller

nik erlaubt eine stufenlose Drehzahlregelung von Null bis zum Maximum. Die eingestellte Drehzahl wird von der Elektronik konstant gehalten. Der Antrieb bietet den doppelten Vorteil, dass er für die gebotene Leistung sehr kompakt ist und extrem leise läuft. Der Nachteil ist der Preis. Motor und Elektronik plus Netzteil kosten zusammen leider über 200,- €.

10. Sonstige Überlegungen

10.1. Staubabsaugung

Eine Staubabsaugung ist beim Fräsen und Gravieren sehr wichtig. Dazu genügt ein einfacher Werkstattstaubsauger mit einem möglichst langen Schlauch. Der Schlauch wird über der Maschine so befestigt, dass er dem Fräser überallhin folgen kann. Nahe dem Fräser saugt er über einen Adapter, der meist mit dem Gravurtiefenregler kombiniert ist, den Staub ab.

10.2. Gravurtiefenregler

Beim Gravieren ist ein Gravurtiefenregler wichtig. Er sorgt dafür, dass die Frästiefe an allen Stellen des Werkstücks gleich ist. Es ist nämlich sehr schwer, ein großes Werkstück überall auf der Tischfläche der Maschine plan aufliegen zu lassen – das gelingt nur durch Aufkleben oder durch eine Vakuumplatte.

Im nächsten Buch oder auf meiner Hompage werde ich den Bau eines Gravurtiefenreglers, kombiniert mit einer Staubabsaugung, beschreiben. Hier reicht der Platz dafür leider nicht aus.

10.3. Kabelführung und Energieketten

Zur sauberen und sicheren Führung der Kabel an der Maschine dienen Energieketten, auch Schleppketten genannt. Die Kabel werden im

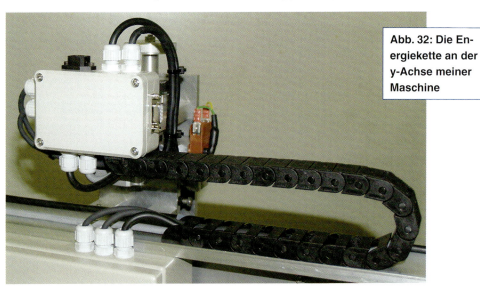

Abb. 32: Die Energiekette an der y-Achse meiner Maschine

Abb. 33: Eine Energiekette so, wie sie geliefert wurde

Inneren der Kette geführt, die sich nur in Längsrichtung bewegen kann. In Querrichtung ist die Kette sehr steif, was verhindert, dass sie mit beweglichen Teilen der Maschine in Konflikt gerät. Für meine Maschine reichte ein Meter Energiekette mit vier Anschlussstücken aus; die Kosten dafür betrugen rund 30,- €.

Weil sich die Energiekette in beide Richtungen bewegt, reicht als Länge ungefähr der halbe Verfahrweg der Achse, wenn die Kette in der Mitte der Achse befestigt wird. Die Länge wird nach folgender Formel berechnet: L = LS : 2 + 3,14 × R + 2 × P, dabei ist L = Länge, LS = Verfahrweg, R = tatsächlicher Biegeradius und P = Länge eines Kettenglieds.

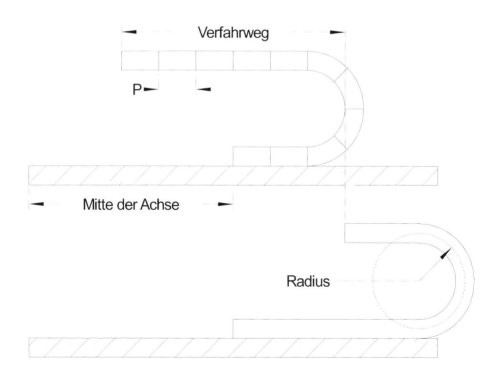

Abb. 34: Daten zur Berechnung einer Energiekette

11. Die ausgeführte Maschine

11.1. Konstruktionsprinzipien

Weil ich bereits eine CNC-Fräsmaschine besitze, mit der ich auch Stahl bearbeiten kann, die aber von den möglichen Verfahrwegen her eher klein ist (x = 220 mm, y = 120 mm), wollte ich eine wesentlich größere Maschine konstruieren und bauen. Diese Maschine sollte keinen Stahl bearbeiten, sondern im wesentlichen Holz, Kunststoff und Buntmetalle wie Messing oder Aluminium. Auch die Genauigkeit brauchte nicht so groß zu sein wie bei der bereits vorhandenen Maschine.

Ausgehend von verfügbaren Materialien, speziell den Profilen für die Aufspannplatte, habe ich eine Breite von ca. 550 mm und eine Länge von 1.000 mm gewählt. Sie können natürlich problemlos eine kleinere Maschine bauen, Sie müssen nur die entscheidenden Maße entsprechend verkürzen. Dies würde sich auch günstig auf die Materialkosten auswirken.

Abb. 35: Die wichtigsten Teile der von mir gebauten und hier beschriebenen Portalfräsmaschine

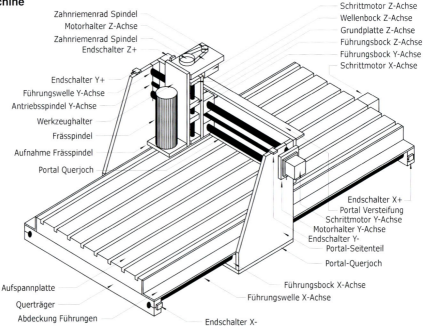

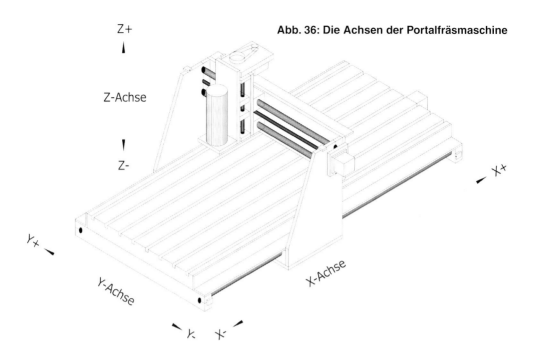

Abb. 36: Die Achsen der Portalfräsmaschine

11.2. Aufspannplatte und Rahmen

Die Maschine verfügt über keinen speziellen Rahmen. Der Hilfsrahmen, der die x-Führungen trägt, ist an der Aufspannplatte befestigt, die als das eigentlich tragende Element dient. Sie besteht aus drei Profilen, die 160 mm breit und 40 mm hoch sind. Die Nuten sind 8 mm breit und so angebracht, dass sich bei der Aneinanderreihung der Profile ein Nutenabstand von 40 mm ergibt.

Das Material ist Aluminium. Obwohl man meinen sollte, dass Aluminium ein leichtes Material ist, wiegt jedes einzelne Profil ca. 8 kg. Ich habe drei Profile von je 1.000 mm Länge benutzt, dadurch entsteht eine Aufspannplatte von 1.000 mm × 480 mm mit einem Gewicht von 24 kg. Die Profile sind mit Flachstahl auf der Unterseite verschraubt, woraus sich ein äußerst solider und massiver Aufbau ergibt.

Der größte Nachteil der verwendeten Profile ist, dass sie nicht plan gefräst sind. Dadurch entstehen über längere Strecken Höhenabweichungen von bis zu 0,5 mm. Zwischen den Nuten wölbt sich das Profil leicht um ca. 0,2 mm nach oben. Beim Gravieren spielt das keine Rolle, weil dabei sowieso ein Gravurtiefenregler verwendet wird. Auch beim Ausfräsen flächiger Teile stört das nicht, weil eine Unterlage zwischen Aufspannplatte und Material gelegt wird (zum Beispiel eine MDF-Platte), in die man einfach etwas weiter hineinfräst.

Störend wirken sich die Höhenunterschiede eigentlich nur bei kleineren Teilen aus, in die Vertiefungen und Taschen eingefräst werden. Da kann man sich aber leicht helfen, indem beim Aufspannen eine plane Unterlage unter das Teil kommt, die in der Höhe genau ausgerichtet ist. Alternativ können Sie sich eine kleinere Aufspannplatte aus Aluminium herstellen, die Sie mit der Maschine plan fräsen – genauer geht es nicht. In die Aufspannplatte kommen Gewindebohrungen im Raster, um die Werkstücke zu spannen. Auch diese Bohrungen macht Ihnen die fertige Maschine.

Ich habe jedenfalls keine Veranlassung gesehen, die 200–300 € zusätzlich auszugeben, die eine plan gefräste Aufspannplatte dieser

Größe kosten würde. Wer möchte, kann eine solche Platte zum Beispiel bei der Firma Isel kaufen, muss dann aber möglicherweise einige Maße verändern.

Links und rechts neben der Aufspannplatte sind L-Profile befestigt, die zum Schutz der x-Führungen gegen herunterfallende Späne und Staub dienen. Weiterhin gibt es ein L-Profil an einer Seite der Maschine, das zur Führung und für die Ablage der Energiekette der x-Achse dient.

11.3. Verfahrwege

Konstruktionsbedingt sind die Verfahrwege bei dieser Maschine kürzer als die Aufspannplatte. Das lässt sich nur vermeiden, wenn ein separater Rahmen gebaut wird, der dann aber vermutlich wieder mehr kostet als die nicht genutzten Teile der Aufspannplatte.

Der Verfahrweg in der x-Achse ist durch die Tiefe des Portals eingeschränkt. Bei einer Länge der Aufspannplatte von 1.000 mm verbleiben nach Abzug der Stärke des vorderen wie des hinteren Querjochs noch 960 mm. Das Portal ist 200 mm tief. Damit beträgt der theoretisch mögliche Weg in der x-Achse 760 mm. Davon gehen noch einige Millimeter für die Endschalter ab, so dass als praktischer Verfahrweg 750 mm übrig bleiben.

Bei der y-Achse bestimmt die Breite des Portals zwischen den Innenkanten der Seitenwangen, abzüglich der Breite der z-Achse, den Verfahrweg. Nominell sind das 482 mm. Allerdings gibt es für die Betätigung des z-Achsen-Endschalters ein Führungsteil, das 13,5 mm breiter ausgebildet ist. Dafür und für die Endschalter der y-Achse müssen noch einmal ca. 20 mm abgezogen werden, verbleiben also rund 460 mm Verfahrweg.

Bei der z-Achse gilt es einen Kompromiss zu schließen. Einerseits soll das Portal nicht zu hoch werden, auf Grund der dann mangelnden Stabilität und der zu erwartenden Klemmeffekte in den Führungen der x-Achse. Andererseits darf es auch nicht zu niedrig sein, weil sich das speziell beim Bohren mit einem länge-ren Bohrfutter und größeren Bohrern negativ auswirkt. Beim Fräsen ist das Problem nicht so akut, weil Fräser in ein kurz gehaltenes Spannzangenfutter eingesetzt werden und selbst nur eine geringe Länge haben. Aus allen diesen Gründen habe ich eine Durchlasshöhe zwischen der Aufspannplatte und der Unterkante des Portals von 100 mm gewählt.

Um etwas mehr Flexibilität, speziell beim Bohren, zu schaffen, besitzt der Werkzeugträger zwei Sätze von Befestigungsbohrungen für die Aufnahme des Fräsmotors, so dass sich dieser bei Bedarf 50 mm höher einsetzen lässt.

11.4. Führungen der x-Achse

Aus Kostengründen habe ich für die x- und die y-Achse Rundführungen mit Stahlwellen und Gleitfolien von igus gewählt. Weil ich die beiden Achsen zunächst auch mit Sinterbronzebuchsen gebaut habe, sehen Sie diese noch auf manchen Fotos.

Mit einem Durchmesser von 20 mm für die Führungswellen glaubte ich mich bei der Stabilität auf der sicheren Seite. Leider ergaben dann erste Biegetests mit den 1.000 mm langen Wellen, dass schon ein relativ geringes Gewicht von wenigen Kilogramm ausreichte, die an den Enden aufliegenden Wellen in der Mitte um mehr als 1 mm durchzubiegen. Dazu kam das Problem, dass die Wellen von Anfang an eine Abweichung von der Geraden um 0,5 mm aufwiesen.

Ich habe deshalb meine Idee, freitragende Führungen zu bauen, wieder verworfen. Stattdessen entschloss ich mich, sowohl die x- als auch die y-Führungen an jeweils zwei zusätzlichen Punkten abzustützen. Das ist nun leider bei Rundführungen nicht so einfach zu realisieren. Das Prinzip, das ich schließlich angewendet habe, zeigt Abb. 37. Jede Führungswelle ist mit je zwei eingeklebten Bolzen und Abstandshülsen an einen Unterzug geschraubt, der seinerseits unter der Aufspannplatte befestigt ist. Die Gleitlager sind geschlitzt, so dass sie über die Befestigungsbolzen gleiten können. Zusätzlich ist eine Vor-

Abb. 37: Die Befestigung der Führungswellen am Unterzug

richtung in die Führungsböcke eingebaut, die es erlaubt, das Spiel zwischen den Gleitfolien und den Führungswellen einzustellen.

Die Konstruktion ist so ausgelegt, dass die Biegung einer Führungswelle korrigiert wird. Der Abstand der Führungswellen ist in den Querjochen an den Enden der Aufspannplatte unveränderlich vorgegeben. Dieses Maß ist kritisch, weil es an beiden Enden genau gleich sein muss, das absolute Maß spielt keine so große Rolle. In der Mitte des Verfahrweges kann der Abstand der Führungswellen justiert werden. Damit ist sichergestellt, dass die Führungswellen, so weit wie möglich, gerade und parallel verlaufen.

11.5. Antrieb der x-Achse

Wie die übrigen Achsen wird auch die x-Achse mit einer Trapezspindel und einer Spindelmutter bewegt. Nachdem ich zunächst Versuche mit einer Trapezspindel von 12 mm Durchmesser und 3 mm Steigung gemacht hatte, baute ich schließlich eine Spindel mit 16 mm Durchmesser und 4 mm Steigung ein. Es traten nämlich schon bei recht geringen Verfahrgeschwindigkeiten starke Schwingungen in der Spindel auf.

Die Spindelmutter besteht aus Nylatron und ist nicht einstellbar. Bei der 12-mm-Spindel hatte ich die Spindelmutter zunächst geschlitzt und einstellbar gemacht, um das Spiel zu verringern und Schwingungen der Spindel zu dämpfen. Allerdings musste ich feststellen, dass der Innendurchmesser der Mutter durch das Schlitzen geringer wurde und die Mutter sich auf der Spindel wesentlich schwergängiger bewegte. Weil ich fürchtete, dass die Reibung bei der Spindel mit 16 mm für den vorhandenen Schrittmotor zu groß werden würde, habe ich die Mutter so gelassen, wie sie ist. Um die Mutter sauber zu fixieren, habe ich ein Mutterngehäuse konstruiert, in dem die Mutter durch zwei Deckelscheiben gehalten wird. Eine axiale Verschiebung der Mutter wird damit wirkungsvoll verhindert. Radial ist die Mutter durch eine M6-Madenschraube gesichert, die durch das Gehäuse in die Mutter geschraubt ist. Das Gehäuse ist geschlitzt und besitzt eine Einstellschraube. Wer möchte, kann die Mutter schlitzen und damit das Spiel einstellbar machen. Ich habe es aus den oben genannten Gründen bei der x-Achse bisher noch nicht gemacht. Wenn Sie die Mutter nicht schlitzen und einstellbar machen, können Sie auf die Deckelscheiben verzichten und die Mutter mit der Klemmschraube fixieren. Ich habe die Bohrung im Mutterngehäuse so groß gemacht, dass sich die Mutter ohne Spiel leicht einschieben lässt. Machen Sie die Bohrung enger (Presssitz), überträgt sich das Untermaß auf die Mutter und das Spiel zwischen Mutter und Spindel wird geringer.

Die Spindel wird vom Schrittmotor direkt über eine Kupplung angetrieben, die einen geringen Versatz zwischen Spindel und Motorachse ausgleichen kann. Der Schrittmotor stammt von der Firma Nanotec und liefert bei 3 A Phasenstrom ein maximales Drehmoment von 0,8 Nm (verwechseln Sie das nicht mit dem Haltemoment von 0,92 Nm). Das notwendige Drehmoment habe ich, wie beschrieben, rechnerisch ermittelt und nach der „empirischen" Methode überprüft, wie Sie in Abb. 38 sehen können. Der Hebelarm mit zwei jeweils 100 mm langen Enden ist mit einer Madenschraube an der Spindel befestigt. In das Plastiksäckchen an dem einen Ende habe ich so lange Stahlmuttern gefüllt, bis sich der Arm nach unten bewegte.

Nach dem Wiegen der Muttern kannte ich die Kraft, die nötig war, alle Widerstände im Antrieb zu überwinden und die Grundplatte des Portals in Bewegung zu setzen. Das Gewicht der Muttern betrug 0,4 kg, entsprechend 4 Newton (annähernd). Weil der Hebelarm nicht 100 cm, sondern nur 10 cm lang war, musste ich die 4 Newton noch durch zehn teilen, um das erforderliche Drehmoment von 0,4 Newtonmeter (Nm) zu ermitteln.

Weil sich nicht das gesamte Portal, sondern nur die Grundplatte bewegt und ich die auftretenden Kräfte beim Fräsen berücksichtigen wollte, habe ich einen Motor mit dem doppelten Drehmoment gewählt. Als die Motoren dann geliefert wurden, war ich über die geringe Größe erschrocken. Meine Befürchtungen waren jedoch völlig grundlos. Der Motor ist problemlos in der Lage, die x-Achse anzutreiben. Er wird zwar mit bis zu 75° C

Abb. 38: Ermittlung des notwendigen Drehmoments zum Bewegen der x-Achse

recht heiß, hat aber schon ununterbrochene Probeläufe von mehr als zwölf Stunden überstanden. Nanotec gibt an, dass die Motoren bei 70° C eine Betriebszeit von 20.000 Stunden erreichen. Über dieser Temperatur wird je + 15° C die mögliche Betriebsdauer auf Grund der Schmierfristverminderung in den Lagern halbiert. Bei 75° C dürfte die Lebensdauer mindestens 15.000 Stunden betragen, das enspricht einem täglichen Betrieb von acht Stunden über insgesamt fünf Jahre!

Die Motoren der x- und der y-Achse besitzen an der Rückseite ein freies Wellenende. Das dient mir dazu, ein Handrad und den Schwingungsdämpfer zu befestigen. Das Handrad ist nützlich, um die Spindel von Hand zu bewegen, zum Beispiel wenn ein Endschalter angefahren wurde und das Steuerungsprogramm nicht mehr auf die Cursortasten zum Fahren der Achsen reagiert. Um Handrad und Schwingungsdämpfer gleichzeitig montieren zu können, ist eine Modifikation der Stahlscheibe und des Magneten notwendig, die ich noch beschreiben werde.

Die Spindel ist am freien Ende in einem Festlager gelagert, das axiale Verschiebungen verhindert. Das Festlager besteht aus einem Gehäuse, in dem zwei normale Rillenkugellager untergebracht sind. Die Außenringe der Kugellager werden durch einen Zwischenring auf Abstand gehalten und durch das Lagergehäuse unverrückbar am Querjoch fixiert. Die Spindel hat einen Ansatz, der sie gegen den Innenring des vorderen Lagers fixiert. Das Ende der Spindel besitzt ein Gewinde, auf dem eine Mutter sitzt, die über eine Abstandsrolle gegen den Innenring des äußeren Lagers drückt. Mit der Mutter lässt sich durch Zusammendrücken der Innenringe das Lagerspiel einstellen, so dass die Spindel sich zwar noch frei drehen lässt, das Axialspiel aber vollkommen aufgehoben ist. Mir ist bewusst, dass man das mit einfachen Rillenkugellagern eigentlich nicht macht, sondern nach der reinen Lehre Schrägkugellager oder Axiallager verwenden müsste. Allerdings hat sich diese Konstruktion bisher bei allen meinen Maschinen bewährt, die auftretenden Kräfte sind ja auch recht gering. Schrägkugellager sind sehr teuer und meines Wissens auch in diesen kleinen Größen nicht erhältlich. Axiallager machen die Konstruktion zu kompliziert, weil zusätzlich ja auch ein Radiallager benötigt wird. Sollten die Rillenlager eines Tages kaputtgehen, werde ich sie einfach wechseln, die Teile haben bei eBay weniger als 1,00 € gekostet!

Motorseitig ist die Spindel in einem Loslager gelagert, das aus einem einzelnen Rillenkugellager besteht. Der Außenring des Lagers ist im Lagergehäuse fixiert, so dass es sich nicht wirklich um ein Loslager handelt. Korrekterweise müsste das Loslager ein Nadellager sein, das axiale Verschiebungen der Spindel durch Wärmeausdehnung erlaubt. Aber auch hier habe ich aus Kostengründen den einfachen Weg gewählt, ohne negative Auswirkungen festzustellen. Eine Erwärmung der Spindel ist auch nach stundenlangen Probeläufen nicht festzustellen, so dass eine Längenausdehnung nicht stattfinden kann.

11.6. Portal (y-Achse)

Beim Portal habe ich Wert auf eine sehr stabile und schwere Konstruktion gelegt, um mögliche Schwingungen beim Fräsen zu verhindern. Es besteht aus einer Grundplatte mit den beweglichen Führungen der x-Achse, zwei Seitenteilen, dem Querjoch und einer Versteifung, die einerseits eine Durchbiegung des Querjochs verhindert, andererseits als Ablage für die Energiekette der y-Achse dient.

Die Form der Seitenteile des Portals habe ich so gewählt, dass der Abstand zur Mitte der Frässpindel an beiden Enden der Aufspannplatte gleich ist. Wenn Sie darauf keinen Wert legen, können Sie zur Vereinfachung die Seiten des Portals auch als einfache Rechtecke bauen.

11.7. Führungen der y-Achse

Die Führungswellen der y-Achse sind 16 mm stark und in den Seitenteilen des Portals festgeklemmt. Dazu werden die Seitenteile nach dem Bohren der Löcher für die Führungswellen aufgeschlitzt. Zwei Schrauben pro Wellenende ziehen dann die geschlitzten Teile zusammen und klemmen so die Wellen unverrückbar fest.

Zusätzlich ist jede Welle mit zwei Bolzen und Abstandshülsen am Querjoch befestigt. Damit wird eine Durchbiegung der Wellen wirkungsvoll verhindert. Natürlich müssen auch hier die Gleitfolien geschlitzt sein, um über die Befestigungsbolzen gleiten zu können.

Zusätzlich ist eine Vorrichtung in die Führungsböcke eingebaut, die es erlaubt, das Spiel zwischen den Gleitfolien und den Führungswellen einzustellen.

11.8. Antrieb der y-Achse

Der Antrieb der y-Achse entspricht im Prinzip genau dem der x-Achse, mit dem Unterschied, dass eine Trapezspindel mit 12 mm Durchmesser und 3 mm Steigung eingesetzt ist.

11.9. z-Achse

Die z-Achse ist so ausgelegt, dass Frässpindeln oder Fräsmotoren mit 43 mm Spindelhals einsetzbar sind. Falls Sie Kleinwerkzeuge von Proxxon oder Dremel verwenden, können Sie entweder die Bohrung im Werkzeughalter kleiner machen oder sich einen Adapter drehen. Die Motoraufnahme kann, wie bereits erwähnt, in zwei verschiedenen Höhen auf dem Werkzeugträger montiert werden.

11.10. Führungen der z-Achse

Die Führungswellen der z-Achse sind 12 mm stark und der geringen Länge wegen freitragend, ohne zusätzliche Unterstützung, ausgelegt. Die Gleitlagerbuchsen sind trotzdem geschlitzt und in den Führungsböcken einstellbar gelagert. Auf Grund der geringeren Kräfte wird die Spindelmutter nur durch eine Madenschraube in axialer und radialer Richtung fixiert. Eine weitere Madenschraube ermöglicht eine Einstellung des Spiels bei geschlitzter Mutter.

11.11. Antrieb der z-Achse

Im Gegensatz zu den beiden anderen Achsen wird die z-Achse nicht direkt, sondern über ein 2:1-Zahnriemengetriebe angetrieben. Dafür gibt es zwei Gründe. Erstens fällt die Bauhöhe der z-Achse gegenüber dem Direktantrieb wesentlich geringer aus, was die Gefahr von Schwingungen reduziert (kleinere Hebelwirkung). Zweitens kann durch die Untersetzung ein kleinerer Motor Verwendung finden. Die Verfahrgeschwindigkeit spielt bei der z-Achse, ausgenommen beim Bohren, sowieso kaum eine Rolle.

Ich habe bei meiner Maschine auf einen Schwingungsdämpfer auf dem Motor der z-Achse verzichtet und kann auch nachträglich keinen mehr anbringen, weil der Motor kein freies Wellenende hat. Sie sollten aber zumindest den Motor mit zwei Wellenenden kaufen. Dann können Sie selbst ausprobieren, ob der Schwingungsdämpfer etwas bringt.

11.12. Endschalter

Die Konstruktion ist so ausgelegt, dass Sie für die x- und die y-Achse problemlos Endschalter der Firma Marquard montieren können. Für die z-Achse gibt es nur den oberen Endschalter, ein unterer Endschalter wäre wegen der unterschiedlichen Werkstückhöhen und Werkzeuglängen nicht sinnvoll.

Die vorgesehenen Schalter sind sehr robust und haben, nachdem der Kontakt geschlossen ist, noch einen langen freien Weg bis zum mechanischen Anschlag. Das ist wichtig, weil die Endschalter auch als Referenzschalter vorgesehen sind. Ist der Weg nach dem Schalten zu kurz, muss die Geschwindigkeit der Referenzfahrt sehr gering eingestellt werden, weil ja die Achse bis zum mechanischen Anschlag zum Stillstand gekommen sein muss.

11.13. Kabelführung

Alle Kabel sind in Energieketten geführt, so dass „Kabelsalat" zuverlässig verhindert wird. Die Kabel enden in Anschlusskästen mit zugentlasteten Durchführungen. An der Vorderseite der Maschine befindet sich ein Notschalter, der bei Verwendung der im ersten Band dieser Buchreihe beschriebenen Steuerung alle Funktionen der Maschine, einschließlich Fräsmotor, sofort stillsetzt.

An der Rückseite ist ein Schaltkasten angebracht, der die gedruckte Schaltung für den Anschluss folgender Teile aufnimmt: End- und Referenzschalter, Spindelindex (Rückmeldung der Frässpindeldrehzahl an die Steuerung), Signale für die Drehrichtungs- und Drehzahlregelung der Frässpindel sowie Signale des Werkzeuglängensensors.

12. Bau der Maschine

12.1. Notwendige Maschinen und Werkzeuge

Zum Bau meiner Maschine habe ich, neben den üblicherweise vorhandenen Arbeitsmitteln, die folgenden Werkzeuge und Maschinen benutzt:

– Drehmaschine Myford ML7, Spitzenhöhe 90 mm, Spitzenweite 500 mm
– Fräsmaschine Kunzmann, Tischgröße 450 mm × 150 mm, Verfahrweg X 200 mm, Verfahrweg Y 150 mm, Verfahrweg Z 170 mm. Durch die Konstruktion der Maschine ist es möglich, die Frässpindel in der y-Achse um zusätzliche 200 mm und in der z-Achse um zusätzliche 80 mm zu verschieben
– Tischbohrmaschine Flott, Bohrfutter 13 mm, Abstand Tisch–Bohrfutter 250 mm
– Chinesische Horizontalbandsäge zum Ablängen des Rohmaterials (wenn Sie nicht darüber verfügen, kann Ihnen der Metallhändler das Material auf die Rohmaße zuschneiden, er wird Ihnen aber jeden Sägeschnitt berechnen)
– Vertikalbandsäge zum Zuschneiden der Portalseitenteile (wenn Sie nicht darüber verfügen, kann Ihnen ein Metallbetrieb oder der Metallhändler sicher helfen)
– Gewindebohrvorrichtung (siehe Abb. 39)
– Maschinen-Reibahlen 5, 6, 8, 12, 15, 16 und 20 mm, jeweils H7. Die Reibahle mit 12 mm Durchmesser muss Spiralnuten haben. Wenn Sie neue Reibahlen kaufen, achten Sie bei den großen Kalibern darauf, dass sie abgesetzte Schäfte haben, damit Sie sie in Ihre Maschinen spannen können
– Flachsenker M4, M5, M6
– Kegelsenker 90°
– Höhenanreißer 300 mm
– Anreißplatte 600 mm × 400 mm. Haben Sie keine solche Platte, tut es auch eine geschliffene Granitplatte (Küchenarbeitsplatte) oder sehr dickes Flachglas
– Großer Winkel
– Bohr- und Ausdrehkopf für die Fräsmaschine
– Messuhr mit Magnetständer, Elefantenfuß (das ist eine kleine, flache Scheibe mit Gewinde, die statt der üblichen Kugelspitze in die Messuhr geschraubt wird und dazu dient, Messungen an Wellen vorzunehmen)
– Kantentaster für das genaue Ausrichten der Frässpindel zu einer Kante (Abb. 40)
– Loctite 603 (Fügen Welle–Nabe, öltolerant)
– Loctite 243 (Schraubensicherung, mittelfest)
– Loctite 480 (schlagzäher Sofortkleber)
– Einen Tisch, um den ich herumgehen kann, mit den Maßen 1.200 mm × 600 mm, stark genug, um die fertige Maschine zu tragen

Abb. 39: Gewindebohrvorrichtung

Ein Problem kann sein, dass Sie, so wie ich, nicht über einen Messschieber verfügen, der bis 1.000 mm messen kann. Ich habe zwar versucht, ein solches Gerät bei eBay zu ersteigern, aber jedesmal bei Geboten über 150 € aufgegeben. Vielleicht haben Sie ja mehr Glück. Ich bin aber auch ohne ausgekommen, es reicht bei so großen Maßen auch ein Zollstock oder ein genaues Bandmaß. Viel wichtiger ist der 300 mm hohe Höhenanreißer, ohne den die Arbeit schwierig wird.

Ein ganz wichtiger Punkt ist das Einmessen der verwendeten Fräsmaschine. Kleinere Fräsmaschinen für den Hobbybereich haben leider einen drehbaren Spindelkopf, wozu, weiß ich nicht, ich habe diese Einrichtung in 15 Jahren vielleicht zweimal benutzt. Wenn der Spindelkopf aber nicht 100-prozentig genau ausgerichtet ist, fräsen Sie Flächen hohl oder Teile nicht im rechten Winkel. Denken Sie auch daran, Ihren Maschinenschraubstock auf der Fräsmaschine genau rechtwinklig auszurichten. Prüfen Sie mit der Messuhr, ob die feste Backe des Maschinenschraubstocks ge-

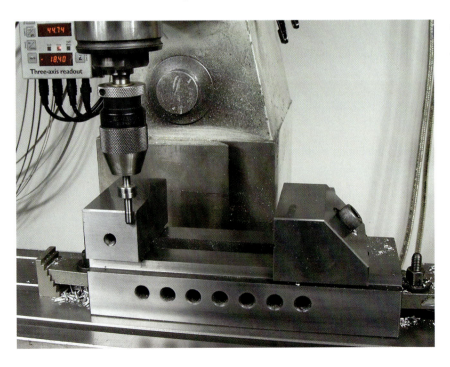

Abb. 40: Kantentaster

nau senkrecht und parallel zur x- bzw. y-Achse steht und ob die Oberseiten der Schraubstockbacken auf gleicher Höhe liegen.

12.2. Notwendige Fertigkeiten

Ich gehe bei der Baubeschreibung davon aus, dass Sie über Kenntnisse der Metallbearbeitung verfügen und werde nur bei besonders schwierigen oder ungewöhnlichen Arbeiten die genaue Vorgehensweise beschreiben.

Sollten Sie noch nicht ganz sattelfest sein, kann ich Ihnen die im gleichen Verlag erschienenen Bücher von Jürgen Eichardt zu den Themen Drehen und Fräsen empfehlen.

12.3. Die Zeichnungen

Ich habe mich bemüht, alle Zeichnungen so normgerecht und verständlich wie möglich zu erstellen. Allerdings bin ich kein technischer Zeichner und möchte auch keiner werden. Leute, die es besser wissen, mögen mir deshalb bitte kleine Nachlässigkeiten verzeihen.

Die Zeichnungen sind in der Normalprojektion nach Methode 1 erstellt. Wie das funktioniert, zeigt Abb. 41. Immer, wenn in einer Zeichnung das Wort „Symmetrieachse" mit einer darunter senkrecht verlaufenden strichpunktierten Linie auftaucht, bedeutet das, dass nur eine Hälfte des Werkstücks gezeichnet ist und die andere Hälfte genau symmetrisch dazu ist. Das habe ich getan, um die Zeichnungen nicht zu groß werden zu lassen. Die Pfeile geben die Blickrichtung an. Es müssen nicht immer alle Ansichten gezeichnet werden, es sei denn, sie zeigten Details, die sonst nicht erkennbar wären.

12.4. Die Fotografien

Ich habe mich bemüht, von allen wichtigen Arbeitsschritten Fotografien anzufertigen. Allerdings habe ich im Verlauf der Arbeiten Änderungen an der Konstruktion vorgenommen, die sich nicht immer in den Fotografien niederschlagen. Ich habe versucht, in den Bildtexten auf offensichtliche Ungereimtheiten hinzuweisen. Im Zweifelsfall gelten immer die Konstruktionszeichnungen und die Baubeschreibung.

12.5. Materialien

Weil hier eine ziemlich große Maschine entsteht, sind die Materialkosten nicht zu vernachlässigen. Im Anhang finden Sie eine Stückliste mit Lieferanten und Artikelnummern (wo vorhanden). Die Preise kann ich nur annähernd angeben, weil ich leider nicht alle Rechnungen aufgehoben habe. Ich schätze die Kosten ohne Frässpindel wie folgt (in Euro):

- Halbzeug (fast nur Aluminium): 350,-
- Aufspannplatte: 180,-
- Schrittmotoren: 260,-
- Gleitfolien: 35,-
- Kupplungen: 50,-
- Spindeln und Spindelmuttern: 30,-
- Elektrik (Kabel, Schleppketten, Anschlusskästen, Kleinzeug): 80,-
- Schrauben: 50,-

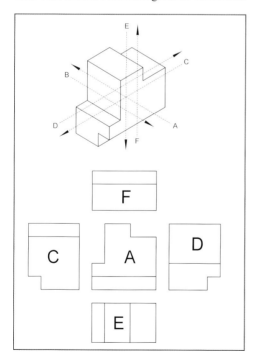

Abb. 41: Darstellung eines Körpers in der Normalprojektion nach Methode 1

Insgesamt also etwas über 1.000,- €, Stand Sommer 2006. Das ist zwar nicht wenig, aber für eine stabile Maschine dieser Größe sicherlich angemessen.

Ein Wort noch zum Einkauf bei eBay: Für einige Teile, zum Beispiel einfache Kugellager, ist eBay eine sehr günstige Quelle. Bei anderen Teilen habe ich aber schon festgestellt, dass die Preise über denen von „normalen" Lieferanten liegen. Meist kann ein Anbieter auch nicht alle Teile und Materialien liefern, so dass sie bei mehreren kaufen müssen. Dann schlagen natürlich auch die Versandkosten mehrfach zu. Dazu kommt, dass die Anbieter versuchen, jegliche Gewährleistung auszuschließen – das Risiko liegt dann bei Ihnen. Besonders gilt das für die Schrittmotoren, die ich deshalb nicht bei eBay kaufen würde.

Beachten Sie bei Bestellungen bei Mädler bitte, dass es einen Mindestbestellwert gibt, der zurzeit bei ca. 50,- € liegt. Wenn Sie also nicht alle Teile auf einmal bestellen, sollten sie Ihre Einkäufe so planen, dass Sie immer den Mindestbestellwert erreichen.

12.5.1. Aufspannplatte

Die Profile für die Aufspannplatte habe ich von der Firma KriTec bezogen. Sie sind, wie bereits erwähnt, nicht plan gefräst. Plan gefräste Profile gibt es bei der Firma Isel und sicherlich bei weiteren Firmen, die Sie im Internet unter „Aluminiumprofile" recherchieren können. Interessehalber habe ich bei der Firma item ein Angebot für ein beidseitig plan gefrästes Profil von 240×40×1.000 mm angefordert. Der Preis beträgt 322,- € zuzüglich Mehrwertsteuer und Versandkosten, und Sie brauchen zwei Stück davon!

12.5.2. Strukturelemente

Alle Strukturelemente habe ich aus Aluminium angefertigt. Dabei ist es sehr wichtig, auf die richtige Legierung zu achten. Es gibt Aluminiumlegierungen, die sich spanend (durch Drehen, Bohren, Fräsen) kaum bearbeiten lassen. Sie sollten also darauf achten, die Legierungen zu bekommen, die ich in der Einkaufsliste angegeben habe. Führt der Metallhändler diese Legierung nicht, dann verlangen Sie auf jeden Fall „Dreh- und Bohrqualität". Die Preisunterschiede zwischen den Legierungen sind teilweise sehr eklatant, hier lohnt auch das Nachfragen.

Aus allen diesen Gründen ist der Besuch beim Schrotthändler wenig sinnvoll, es sei denn, er weiß, was er verkauft und besitzt Ihr Vertrauen. Alternativ können Sie natürlich auch Proben von seinem Material kaufen und ausprobieren.

Leider ist Aluminium mittlerweile sehr teuer geworden. Ich habe kürzlich einen freundlichen Brief meines Metallhändlers, der Firma Wilms-Metallmarkt in Köln, erhalten, in dem er mir auf Grund gestiegener Rohstoffpreise eine Preiserhöhung von 30 % (!) für alle Aluminiumlegierungen ankündigte. Zum Glück war meine Maschine da schon fertig.

Als Alternative bietet sich für fast alle Teile Stahl an. Dadurch wird die Maschine zwar um einiges schwerer (ich schätze das Gewicht der aus Aluminium gebauten Maschine schon auf ca. 80 kg), das ist aber durchaus kein Fehler – im Gegenteil, je schwerer, desto besser, weil dadurch mögliche Schwingungen stärker unterdrückt werden. Ich habe bei allen Teilen, die aus Stahl gebaut werden können, als Legierung St 37k oder 9SMn 28k angegeben. St 37k ist blank gezogener Baustahl, der sich gut bearbeiten lässt und den es als scharfkantig blank gewalzte Profile gibt. Warmgewalzte Profile, die mit einer schwarzen Zunderschicht bedeckt sind, sollten Sie nicht verwenden. Noch besser ist 9SMn 28k, auch Automatenstahl genannt, der sich hervorragend bearbeiten lässt. Leider gibt es ihn meist nur als Rundstangen. Vermeiden Sie übrigens das Aufschneiden von kalt gewalzten Profilen in Längsrichtung. Sie setzen damit die im Material durch das Walzen eingeschlossenen Spannungen frei, mit dem Ergebnis, dass sich die Teile verziehen.

Einige Teile muss Ihnen der Metallhändler aus Platten zuschneiden. Gehen Sie dabei bitte nicht davon aus, dass die Zuschnitte genau werden. Achten Sie auf notwendige Maßzugaben und messen Sie die Teile schnellstens nach. Rechnen Sie damit, dass Sie mindestens aus optischen Gründen alle Schnittkanten nacharbeiten müssen.

Auf jeden Fall sollten Sie sorgfältig die Preise verschiedener Metallhandlungen vergleichen – auch die Schnittkosten, wenn Sie selbst die einzelnen Teile nicht zuschneiden können! Ich habe da schon böse Überraschungen erlebt. Oft werden wir „Bastler" mit unseren vergleichsweise geringen Einkaufsmengen ja wie Parias behandelt. Ich habe auch den Verdacht, dass es für uns spezielle „Abschreckungspreise" gibt. Hier muss ich wirklich Wilms-Metallmarkt in Köln lobend erwähnen. Die Preise sind fair und die Bedienung ist freundlich. Auf Wunsch verschickt Wilms auch seine Waren, so dass man nicht unbedingt selbst hinfahren muss. Den kompletten Katalog mit Preisen finden Sie im Internet und Sie können auch direkt im Online-Shop einkaufen – das ist leider keine Selbstverständlichkeit. Beachten Sie bitte, dass die angezeigten Preise netto, ohne Mehrwertsteuer, sind. Dazu kommen gegebenenfalls Schnitt- und Versandkosten. Der Mindestbestellwert beträgt 15,- €. Wilms ist übrigens auch auf den größeren Modellbaumessen, zum Beispiel beim Echtdampfhallentreffen in Sinsheim, vertreten.

12.5.3. Führungswellen
Für die Führungswellen habe ich „Silberstahl" 115 CrV3 verwendet. Es werden im Internet auch polierte Wellen aus Edelstahl angeboten, die im Prinzip sehr gut geeignet, aber leider gehärtet sind. Wenn Sie meiner Konstruktion folgen, müssen Sie die Wellen für die Befestigungsbolzen durchbohren und die Bohrungen aufreiben. Das ist bei gehärteten Wellen mit unseren Werkzeugen nicht möglich.

Wellen aus 115 CrV3 finden Sie bei verschiedenen Anbietern, ich habe meine bei der Firma Mädler gekauft, weil sie dort als „poliert" im Katalog standen. Allerdings stellte sich heraus, dass sie eigentlich nur rund geschliffen waren. Rund geschliffenen Wellen sind für Einsatzzwecke, bei denen sich die Welle in einem Lager dreht, einwandfrei verwendbar. Bei einem Linearlager wirken die winzigen Schleifriefen, die ja quer zur Bewegungsrichtung stehen, wie eine Feile und weiten mit der Zeit die Lagerbüchsen auf. Ich habe deshalb die Wellen in Längsrichtung mit immer feinerem Schleifleinen bearbeitet, bis sie wirklich wie „poliert" aussahen und sich auch so anfühlten.

Aus heutiger Sicht würde ich Wellen aus C45 verwenden. Sie sind nicht rund geschliffen und weisen nicht die problematischen Schleifriefen wie die Wellen aus 115 CrV3 auf. Außerdem sind sie wesentlich billiger.

12.5.4. Bewegliche Führungsteile
Für die beweglichen Führungsteile verwende ich bei der x- und der y-Achse DryLin®-Gleitfolien von igus. An der z-Achse verwende ich Sinterbronzebuchsen, weil die Herstellung der Aufnahmen für Gleitfolien dort schwierig, wenn nicht unmöglich ist. Die Gleitfolien können Sie einfach bei igus bestellen, die Sinterbronzebüchsen sind allerdings nicht so einfach zu bekommen, ich habe meine bei eBay gekauft. Im Mädler-Katalog steht bei den Preisen „Auf Anfrage" – das heißt, dass sie nur in größeren Mengen angeboten werden. Mädler bietet allerdings auch Rohlinge an, aus denen man sich mit etwas Geschick die Buchsen selbst drehen kann. Eine weitere Möglichkeit ist Lagerbronze, die es beim Metallhändler gibt. Allerdings ist das Metall nach meiner Erfahrung nicht einfach zu bearbeiten.

12.5.5. Antriebsspindeln
Die Antriebsspindeln sind gerollte Trapezspindeln aus C15-Stahl. Bezogen habe ich sie von der Firma Mädler.

Abb. 42: Der motorseitige Teil der Kupplung mit der Verbindungsscheibe

Abb. 43: Der spindelseitige Teil der Kupplung. Beachten Sie die Blindmuttern für die schwingungsgedämpfte Motorbefestigung

12.5.6. Spindelmuttern

Auch die Spindelmuttern kommen von Mädler. Sie sind aus Nylatron, einem Kunststoff, in den MoS2-Partikel eingebettet sind. Die Muttern sind dadurch dauergeschmiert und arbeiten auf der Spindel mit wenig Reibung. Wenn nach längerer Zeit Verschleiß auftreten sollte, dann tritt er an der wesentlich leichter ersetzbaren Mutter auf, nicht an der Spindel.

12.5.7. Spindellager

Als Spindellager verwende ich einfache Rillenkugellager mit Abdeckscheiben und Lippendichtungen. Die Lager sind unter ihrer Typenbezeichnung 608-2RS leicht bei eBay zu finden und werden dort sehr günstig angeboten.

12.5.8. Kupplungen

Um einen möglichen Versatz zwischen Spindel und Motorwelle auszugleichen und die Montage des Motors überhaupt zu ermöglichen, verwende ich Kupplungen, die aus drei Teilen bestehen. Die beiden Endteile aus Aluminium sind jeweils an Spindel und Motorwelle mit einem Klemmring befestigt und besitzen eine Nut an der Vorderseite. Dazwischen sitzt eine Kunststoffscheibe mit zwei im rechten Winkel versetzten Stegen, die spielfrei in die Nuten greifen. Sind die Wellen gegeneinander versetzt, kann sich die Kunststoffscheibe so bewegen, dass der Versatz ausgeglichen ist, die Kraftübertragung aber trotzdem spielfrei erfolgt. Natürlich darf der Versatz nicht mehr als 0,2 mm betragen. Die Kupplungen, die ich verwende, werden mit Klemmringen auf den Wellen befestigt. Gegenüber einer Befestigung mit Madenschrauben, die sich gern losarbeiten, ist das die wesentlich bessere Methode. Auch die Kupplungen habe ich von Mädler bezogen.

12.5.9. Zahnriemenscheiben und Zahnriemen

Der Zahnriemen für die z-Achse ist 9 mm breit und hat ein HTD-Profil mit 3 mm Zahnteilung. Das HTD-Profil sorgt für eine völlig spielfreie Kraftübertragung und erlaubt es, kleine Zahnriemenscheiben zu verwenden. Die Zahnriemenscheiben haben beiderseits Abdeckscheiben, um ein Ablaufen des Riemens, auch bei nicht genau parallel verlaufenden Achsen, zu verhindern. Auf Grund der Zähnezahl ergibt sich ein Übersetzungsverhältnis von 2:1, die Spindel dreht sich also mit der halben Motordrehzahl. Die Zahnriemenscheiben und die Zahnriemen stammen von Mädler.

12.5.10. Schrittmotoren

Die Schrittmotoren für die x- und die y-Achse sind gleich, der Motor für die z-Achse ist kleiner und verfügt nur über das halbe Drehmoment der anderen Motoren. Durch die Zahnriemenübersetzung wird das aber ausgeglichen. Für die x- und die y-Achse verwende ich den Typ ST 5818S3008 und für die z-Achse den Typ ST 5818X1008 von Nanotec. Alle Motoren werden von der Steuerung im Halbschritt betrieben. Weil es sich um Motoren mit 1,8° Schrittwinkel im Vollschritt handelt, machen die Motoren 400 Halbschritte je Umdrehung. Bei 4 mm Spindelsteigung der x-Achse bedeutet das, dass für 1 mm Verfahrweg genau 100 Schritte erforderlich sind. Die kleinste Einheit, mit der die x-Achse positioniert werden kann (Auflösung), ist somit 0,01 mm. Bei der y-Achse beträgt die Spindelsteigung 3 mm, damit werden 133,3333 Schritte für 1 mm benötigt, die Auflösung ist 0,0075 mm. Der Motor der z-Achse, der die Spindel mit 3 mm Steigung durch eine Übersetzung antreibt, muss dagegen 266,6666 Schritte je Millimeter machen und die Auflösung beträgt 0,00375 mm.

Die Schrittmotoren und die Schwingungsdämpfer habe ich direkt von der Firma Nanotec bezogen, die einen sehr übersichtlichen Webshop betreibt. Achten Sie darauf, Motoren mit zwei Wellenenden zu bestellen, selbst wenn Sie keine Schwingungsdämpfer einsetzen wollen. Beim ersten Kauf müssen Sie per Vorkasse oder mit Kreditkarte bezahlen. Warten Sie nach dem Abschicken der Bestätigung ab, bis Sie eine E-Mail mit den Daten für die Zahlung erhalten. Die Lieferung erfolgt recht prompt. Bei technischen Fragen bekommen Sie eine freundliche und kompetente Auskunft.

Ein günstiger Anbieter ist auch www.motionstep.de.

12.5.11. Energieketten

Die Energiekette habe ich von RS-Elektronik bezogen, der Hersteller ist Cavotec, Artikelnummer 454-6229, Außenmaße 31 mm × 25 mm, Biegeradius mindestens 18 mm, Länge des Kettenglieds 17 mm. Die Länge der x-Kette beträgt 502 mm, die der y-Kette 327 mm. Alternativ gibt es die Ketten auch bei igus.

12.5.12. Schrauben und Kleinteile

Es finden fast nur Innensechskantschrauben mit Zylinderkopf Verwendung. Dazu kommen einige Madenschrauben und Senkkopfschrauben mit Innensechskant. Wegen der geringen Mengen ist es wahrscheinlich sinnvoll, einen lokalen Schraubenhändler zu suchen, der Ihnen die Schrauben abgezählt und nicht in Verpackungseinheiten verkauft. Dazu geben Sie ihm am besten Ihre Schraubenliste und lassen ihm ein paar Tage Zeit, alles zusammenzustellen. Die Anbieter im Internet verkaufen meist in größeren Verpackungseinheiten. Im Bezugsquellenverzeichnis habe ich trotzdem einige dieser Anbieter aufgeführt.

12.6. Reihenfolge des Aufbaus

Als Reihenfolge schlage ich vor, zunächst die z-Achse zu bauen. Der Materialaufwand und die Kosten sind überschaubar und Sie bekommen ein Gefühl dafür, ob Ihre Fertigkeiten und ihr Maschinenpark ausreichen, um die Teile mit der nötigen Genauigkeit anzufertigen. Gelingt es Ihnen nicht, haben Sie noch nicht viel Geld ausgegeben und können das Projekt problemlos zu den Akten legen.

Danach sollten Sie die Basis bauen und anschließend das Portal. Es ist sinnvoll, erst alle Teile für eine Baugruppe anzufertigen und dann mit dem Zusammenbau und der Justierung zu beginnen. Der Zusammenbau „auf Probe" und das anschließende Zerlegen verbrauchen sonst zu viel Zeit.

Abb. 44: Zentrierbohrer zum Vorbohren der Löcher

Ich habe nach der z-Achse zunächst das Portal und dann die Basis gebaut, glaube aber heute, dass das die falsche Reihenfolge war. Deshalb werden einige der Fotografien nicht genau der vorgeschlagenen Reihenfolge des Aufbaus entsprechen.

12.7. Bau der z-Achse

12.7.1. Grundplatte

Die Grundplatte (z-Achse.1) besteht aus einem Profil 80 × 10 mm mit einer Rohlänge von 222 mm. Fräsen Sie die Enden winklig, so dass sich eine Fertiglänge von 220 mm ergibt. Reißen Sie dann alle Bohrungen mit dem Höhenanreißer an und markieren Sie sie durch Körnerschläge. Ich trage vor dem Anreißen an den jeweiligen Stellen zunächst mit einem dicken Filzstift blaue Anreißfarbe auf. Speziell bei Aluminium ist das wichtig, weil man darauf den Anriss nur schwer sieht und oft durch Walzriefen verwirrt wird.

Abb. 45: Die fertige Grundplatte der z-Achse

Alle Bohrungen, bis auf die beiden mittleren, werden mit 4 mm gebohrt und anschließend M5-Gewinde eingeschnitten. Man hört übrigens oft, dass Aluminium trocken bearbeitet werden soll – ein populärer Irrtum. Sie werden feststellen, dass mit ein wenig Schneidöl die Bearbeitung wesentlich einfacher ist. Ich rate auch dringend dazu, eine Gewindebohrvorrichtung zu verwenden. Von Hand ist es kaum zu schaffen, die Gewinde nicht schief einzuschneiden.

Die beiden mittleren Bohrungen fertigen Sie mit einem 4,3-mm-Bohrer an, dann senken Sie einseitig mit einem Flachsenker für M4 um 4,4 mm ein. Wenn Sie das nicht tun, sind später die Schraubenköpfe im Weg.

Noch ein Wort zum Bohren: Ich habe es mir angewöhnt, wirklich jede Bohrung mit einem langen Zentrierbohrer mit 6-mm-Schaft vorzubohren. Der Zentrierbohrer hat eine sehr kleine Spitze, mit der er die Körnungen sehr leicht findet. Andererseits ist er sehr steif, so dass er nicht um die Körnung „herumhampelt", wie es ein sehr dünner Bohrer tun würde. Mit einem größeren Bohrer ist es sehr schwer, die Körnung zu treffen, ich habe mir eine Menge Teile „versaut", bis ich die Zentrierbohrer-Methode anwenden lernte.

12.7.2. Führungswellen

Dies ist eine sehr einfache Aufgabe. Bringen Sie die Wellen in der Drehmaschine auf gleiche Länge und fasen Sie die Enden leicht mit 45° an. Wenn Sie die Wellen noch nicht poliert haben, sollten Sie es jetzt tun.

12.7.3. Wellenböcke und Führungsböcke der z-Achse

Die Wellenböcke (z-Achse.6, z-Achse.7) sollten Sie zusammen mit den Führungsböcken anfertigen, um die Abstände der Bohrungen für die Führungswellen absolut gleich zu halten. Fräsen Sie zunächst alle vier Rohteile auf Maß. Anschließend bringen Sie mit einem Kantentaster das Zentrum der Frässpindel

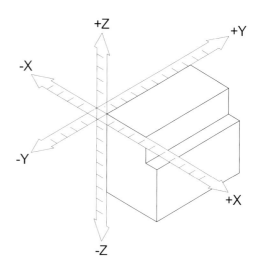

Abb. 46: Koordinatensystem einer Fräsmaschine

genau über die vordere Ecke der festen Backe des Maschinenschraubstocks (Abb. 40). Nullen Sie beide Achsen. Ich gehe bei der folgenden Beschreibung davon aus, dass der Maschinenschraubstock auf Ihrer Fräsmaschine so wie auf meiner sitzt. Ist er um 90° versetzt angebracht, müssen Sie die x- und die y-Achse in der Beschreibung vertauschen. Ich beziehe mich in der Beschreibung auf das Koordinatensystem in Abb. 46. Beachten Sie, dass im Koordinatensystem die Bewegung des Werkzeugs, nicht die des Werkstücks gemeint ist.

Schaffen Sie sich dann einen Anschlag, gegen den Sie das Teil im Maschinenschraubstock positionieren können. Bei meinem Schraubstock gibt es dafür eine Gewindebohrung in der festen Backe. Hat Ihr Schraubstock das nicht, können Sie einfach ein Stück Flachstahl mit einer Zwinge an die Schraubstockbacke klemmen.

Spannen Sie das Teil z-Achse.6 so auf zwei Parallelunterlagen in den Schraubstock, dass die Kante A gegen die feste Schraubstockbacke zu liegen kommt und die Kante B vorn exakt am Anschlag anliegt.

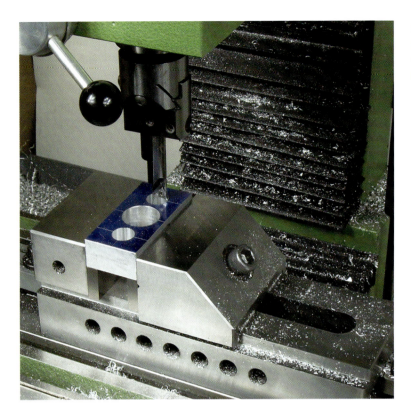

Abb. 47: Bohren mit dem Ausdrehkopf auf der Fräsmaschine

Fahren Sie die y-Achse auf + 16 mm und die x-Achse auf + 19,5 mm. Klemmen Sie beide Achsen. Wenn Sie die Position der Bohrungen auf dem Teil angerissen haben, was ich empfehle, dann sollte der jetzt eingespannte Zentrierbohrer genau auf die Kreuzung der beiden Anrisslinien zeigen. Bohren Sie das Zentrumsloch und öffnen Sie dann die Bohrung, soweit es die vorhandenen Bohrer zulassen, aber nicht mehr als 11 mm. Ich benutze dafür übrigens Fräser, allerdings bohre ich mit einem größeren Bohrer, zum Beispiel 6 mm, zunächst vor.

Spannen Sie den Ausdrehkopf in die Frässpindel und vergrößern Sie die Bohrung auf 11,8 mm. Anschließend öffnen Sie mit einer Reibahle H7 die Bohrung auf das genaue Maß von 12 mm. Verfahren Sie ebenso mit dem Teil z-Achse.7.

Fahren Sie die x-Achse auf + 20,5 mm und stellen Sie die Bohrungen mit 15 mm Durchmesser in den Teilen z-Achse.10 und z-Achse.11 nach dem gleichen Schema her. Fahren Sie die y-Achse auf + 64 mm und klemmen Sie die Achse fest. Stellen Sie die zweite Bohrung in den Teilen z-Achse.10 und z-Achse.11 her.

Anschließend fahren Sie die x-Achse auf 19,5 mm zurück und stellen die zweiten Bohrungen in z-Achse.6 und z-Achse.7 her. Fahren Sie die y-Achse auf 40 mm und stellen Sie die Bohrung von 16 mm im Teil z-Achse.6 her. Schließlich fahren Sie die x-Achse wieder auf 20,5 mm und bohren die Teile z-Achse.10 mit 14 mm und z-Achse.11 mit 25,9 mm. Die Maße für die Bohrung von 14 mm in z-Achse.10 und von 16 mm in z-Achse.6 sind völlig unkritisch, alle anderen Bohrungen müssen genau sein (deshalb die Reibahlen).

Stellen Sie jetzt die restlichen Bohrungen und Senkungen in allen Teilen her, ausgenommen die Bohrungen und Gewinde für die Madenschrauben S.28 in den Teilen z-Achse.10 und z-Achse.11 sowie die Madenschraube S.6 im Teil z-Achse.11. Ein wichtiger Tipp am Rande: wenn Sie relativ tiefe Löcher bohren, neigt der Bohrer zum Verlaufen. Das heißt, wenn Sie eine Bohrung auch noch so genau auf der einen Seite des Teils angerissen, angekörnt und zentriert haben, kann es durchaus sein, dass der Bohrer um einige Zehntel versetzt an der anderen Seite herauskommt. Wenn das dann eine Befestigungsbohrung ist, die mit einem anderen Teil genau übereinstimmen muss, ist das Ergebnis fatal. Bohren Sie deshalb die Teile immer von der Seite, an der die Lage der Bohrung exakt stimmen muss. Bei den Teilen z-Achse.6 und z-Achse.7 sind das die langen Schraubenlöcher mit 5,3 mm Durchmesser, die unbedingt von der Kante A aus gebohrt werden müssen.

Als Nächstes schmieren Sie die Sinterbronzebuchsen mit 12 mm Innendurchmesser außen mit etwas Loctite 603 ein und drücken Sie die Buchsen in die Teile z-Achse.10 und z-Achse.11. Lassen Sie die Teile zwei bis drei Stunden liegen. Stellen Sie dann die Bohrungen für die Madenschrauben her, die die Buchsen gegen Verschieben sichern, und schneiden Sie die M4-Gewinde. Geben Sie etwas Loctite 243 an die Madenschrauben und schrauben Sie sie soweit ein, dass sie innen in den Buchsen gerade noch nicht herausschauen.

Mit einem Kreissägeblatt von 2 mm Stärke in der Frässpindel bringen Sie dann in allen vier Teilen die Schlitze an. Weil die Bohrung der Sinterbronzebüchsen durch das Schlitzen oft enger wird, gehen Sie noch einmal mit einer in die Bohr- oder Fräsmaschine eingespannten Reibahle durch. Da die Buchsen geschlitzt sind, funktioniert das nur mit einer Reibahle mit Spiralnuten!

Zum Schluss bringen Sie die Führungsteile noch auf gleiche Höhe, damit beim Anschrauben an die Grundplatte und den Werkzeugträger sich nichts verkanten und verklemmen kann. Dazu nehmen Sie die Wellenböcke z-Achse.6 und z-Achse.7 und schieben sie auf die Führungswellen. Klemmen Sie die Teile mit provisorischen M5-Befestigungsschrauben auf den Führungswellen fest. Legen Sie die Führungswellen dann so auf die Backen des Maschinenschraubstocks auf, dass Sie die Wellenböcke in den Schraubstock spannen können und die Seite mit den Schraubenköpfen nach unten zeigt. Fräsen Sie nun die Oberseite der Wellenböcke plan, bis der Abstand zwischen den Führungswellen und der Oberkante 13 mm (19 mm bis zur Mitte der Wellen) beträgt. Das absolute Maß ist nicht kritisch. Nehmen Sie alles wieder auseinander und bohren Sie die M5-Gewinde in den Wellenböcken mit einem 5,3-mm-Bohrer heraus. Vor der ganzen Prozedur sollten Sie übrigens mit der Messuhr prüfen, ob die Backen des Maschinenschraubstocks die gleiche Höhe haben und die Oberseiten rechtwinklig zur Frässpindel stehen. Schon wenige Hundertstelmillimeter Abweichung verursachen Ausschuss! Sie sollten in diesem Fall die Führungswellen auf Parallelunterlagen direkt auf den Maschinentisch legen und mit Spannpratzen festklemmen. Natürlich müssen Sie prüfen, ob die Parallelunterlagen die gleiche Höhe haben.

Mit den Führungsböcken verfahren Sie genauso. Allerdings müssen hier die Seiten mit den Schraubenköpfen nach oben zeigen, das Endmaß ist 14 mm (20 mm bis zur Wellenmitte) und Sie bohren anschließend auch nicht die Gewinde heraus!

Jetzt geht es nur noch um Einbau und Befestigung der Spindelmutter. Spannen Sie die Mutter in den Maschinenschraubstock und schlitzen Sie sie mit dem Kreissägeblatt nach Zeichnung auf. Danach drücken Sie die Mutter in die Bohrung im Teil z-Achse.11, bohren das Kernloch für die M5-Madenschraube, schneiden das Gewinde und drehen die Madenschraube mit etwas Loctite 243 ein.

Damit haben Sie die schwierigsten Teile der z-Achse fertig gestellt!

Abb. 48: Die Auflageflächen der Führungsböcke der z-Achse werden plan gefräst

Abb. 49: Schlitzen der Spindelmutter der z-Achse mit dem Kreissägeblatt

▲ Abb. 50: Die fertigen Wellenböcke der z-Achse

▶ Abb. 51: Die Führungsböcke der z-Achse. Leider ist die Spindelmutter auf dem Foto falsch eingebaut

12.7.4. Führungsböcke der y-Achse

Die großen Bohrungen in den Führungsböcken der y-Achse stellen Sie am einfachsten in der Drehmaschine mit einem Bohrstahl her. Dazu brauchen Sie aber eine Planscheibe mit einem Aufspannwinkel, den Sie sich aus einem Stück Vierkantstahl oder Aluminium anfertigen. In den Aufspannwinkel bringen Sie vier Gewindebohrungen ein, so dass Sie die Führungsböcke durch ihre Befestigungsbohrungen auf den Winkel schrauben können (vier Bohrungen, weil es zwei rechte und zwei linke Führungsböcke mit versetzten Befestigungsbohrungen gibt). Der Winkel erhält dann zwei weitere Bohrungen, die um 90° versetzt sind, um ihn auf die Planscheibe schrauben zu können.

Reißen Sie auf dem Rohteil, mit einer Maßzugabe von 0,5 mm zur Kante A, das Zentrum der Bohrung an. Nach dem Ankörnen bohren Sie mit dem Zentrierbohrer tief vor, aber nur so tief, wie der konische Teil des Zentrierbohrers reicht. Sie wollen eine richtige Zentrierbohrung herstellen, so, als hätten Sie vor, ein Teil zwischen die Spitzen in der Drehmaschine zu spannen (Abb. 52).

Anschließend fräsen Sie die 7 mm breiten Schlitze 9 mm tief in die Führungsböcke. Das hat folgenden Grund: Das vorgeschlagene Material, eine gezogene Aluminium-Vierkantstange, weist durch den Herstellungsprozess innere Spannungen auf. Wenn Sie nun zunächst eine genau maßhaltige Bohrung für die Gleitfolie einbringen und anschließend den Schlitz herstellen, wird die Bohrung durch die frei werdenden Spannungen enger. Deshalb ist es besser, den Schlitz vor dem Herstellen der Bohrung anzubringen, so dass die Bohrung genau auf Maß gearbeitet werden kann. Das ist übrigens auch der Grund, warum Sie die Führungsböcke nicht in das Vierbackenfutter spannen können.

Stellen Sie dann die Befestigungsbohrungen her (achten Sie auf die rechten und die linken Führungsböcke!) und schrauben Sie ein Rohteil auf den Aufspannwinkel der Planscheibe. Um es zu zentrieren, fahren Sie den Reitstock mit der Körnerspitze so weit in Richtung Planscheibe, bis die Körnerspitze in der Zentrierbohrung sitzt und das Teil an die Planscheibe drückt. Ziehen Sie dann die Befestigungsschrauben an.

Abb. 52: Herstellen der Zentrierbohrung in einem Führungsbock

Abb. 53: Zentrieren eines Führungsbocks auf der Planscheibe. Das Foto zeigt einen Führungsbock der x-Achse, das Prinzip ist aber das Gleiche

Abb. 54: Aufbohren des Führungsbocks mit dem Spiralbohrer. Das Keilriemenrad sorgt für einen groben Ausgleich der Unwucht

Bohren Sie mit dem größten Bohrer, den Sie haben (aber kleiner als 18 mm), das Loch vor und drehen Sie es anschließend mit dem Bohrstahl auf genau 18 mm aus. Beim Ausdrehen mit dem Bohrstahl ist es übrigens ein Fehler, den Bohrstahl bei drehender Spindel zurückzuziehen, es sei denn, Sie benutzen nur den Oberschlitten. Der Sattel der Drehmaschine verkantet sich beim Vor- und Zurückschieben leicht, so dass die Spitze des Drehstahls einen kleinen Radius beschreibt. Das sorgt dann dafür, dass der Bohrstahl beim Verfahren des Sattels nach rechts eine größere Bohrung erzeugt, extrem ärgerlich, wenn es der letzte Durchgang zum Endmaß war. Denken Sie auch daran, dass ein Bohrstahl mehr oder weniger federt. Sie müssen sich deshalb dem Endmaß annähern, indem sie vor den letzen Hundertsteln ein bis zwei „Leerdurchgänge" ohne Zustellung durchführen. Machen Sie die Bohrungen im Zweifel lieber ein bis zwei Hundertstel größer, das können Sie mit den Einstellschrauben korrigieren. Eine zu kleine Bohrung können Sie wegen des Schlitzes nur noch mit einer spiralgenuteten Reibahle aufreiben.

Bevor Sie das Teil von der Planscheibe abschrauben, müssen Sie noch die Nut für die axiale Fixierung der Gleitfolie herstellen. Das machen Sie mit einem Innendrehstahl, der auch für das Einstechen von Seegering-Nuten verwendet wird. Nachdem Sie am Anfang der Nut auf das Endmaß eingestochen haben, können Sie mit dem Oberschlitten zustellen, bis die Nut die notwendige Breite hat.

Schrauben Sie den Führungsbock vom Aufspannwinkel ab und stellen Sie die kleine Bohrung her, die den Zapfen an der Rückseite der Gleitfolie aufnimmt und diese am Verdrehen hindert. Danach sollten Sie die Gleitfolie einsetzen können. Wenn Sie alle Führungsböcke so weit fertig gestellt haben, bringen Sie die Gewindebohrungen für die Einstellschrauben ein und stellen die 1 mm breiten Schlitze mit einem Kreissägeblatt in der Fräsmaschine her. Anschließend stecken Sie die Führungsböcke auf einen passenden

Abb. 55: Ausdrehen der Bohrung mit dem Bohrstahl

Abb. 56: Fräsen der Aufspannplatten der Führungsböcke auf genau gleiche Höhe und parallel zur Führungswelle

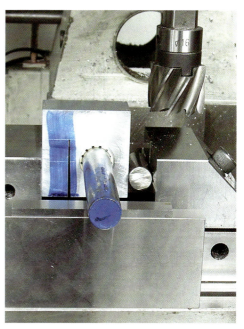

Abb. 57: Fräsen der restlichen Kanten der Führungsböcke auf Umschlag

Abb. 58: Fertige Führungsböcke teilweise mit Gleitfolie, hier die der x-Achse

Dorn in der Drehmaschine, klemmen sie mit der Einstellschraube fest und stechen die überstehenden Enden der Gleitfolie ab. Sie mit dem Messer abzuschneiden ist nicht möglich.

Nun müssen Sie die Führungsböcke auf Endmaß und vor allen Dingen (was wichtiger ist) auf gleiche Höhe bringen. Das kritische Maß sind die 18 mm zwischen der Kante A und dem Zentrum der Führungswelle. Es müssen zwar nicht genau 18 mm sein, das Maß muss aber bei allen Teilen gleich sein, sonst werden die Führungen später klemmen.

Schieben Sie dazu jeweils einen Führungsbock auf ein Reststück der Führungswelle oder ein anderes Stück 16-mm-Rundstahl und klemmen Sie ihn mit der Madenschraube leicht fest. Spannen Sie dann beides in den Maschinenschraubstock der Fräsmaschine, so wie in Abb. 56 gezeigt. Die Abbildung zeigt nicht genau die Teile, die Sie jetzt bearbeiten, das Prinzip ist aber genau das gleiche. Es ist übringens eine gute Idee, zu prüfen, ob beide Auflagen für den Rundstahl die gleiche Höhe haben. Das Stück Rundstahl zwischen der beweglichen Schraubstockbacke und dem Werkstück sorgt dafür, dass sich das Werkstück nur an die feste Schraubstockbacke anlegt und nicht verkantet wird. Fräsen Sie dann zunächst bei allen Führungsböcken die Kante A, ohne die z-Achse der Fräsmaschine zwischendurch zu verstellen. Dadurch sind Sie sicher, dass der Abstand zwischen Führungswelle und Auflagefläche bei allen Böcken gleich ist. Anschließend fräsen Sie die restlichen Seiten „auf Umschlag", das heißt, wenn die obere Fläche fertig ist, drehen Sie das Werkstück gegen den Uhrzeigersinn und fräsen wieder die Oberseite. Wenn Sie das dreimal getan haben, sollten Sie ein absolut rechtwinkliges und maßhaltiges Werkstück haben.

12.7.5. Spindelmutter der y-Achse

Die Anfertigung der Spindelmutter (z-Achse.5) folgt der bisher vorgestellten Vorgehensweise. Auch hier können Sie die Bohrung in der Fräsmaschine oder in der Drehmaschine herstellen. Ich tue dies lieber in der Drehmaschine, weil ich mit der Digitalanzeige eine bessere Kontrolle über die Maße habe.

Das Einstellen eines Ausdrehkopfs ist leider etwas „fummelig". Wenn Sie noch nie vorher mit einem Ausdrehkopf gearbeitet haben, sollten Sie zunächst an einem Reststück üben, um ein Gefühl dafür zu bekommen – zu schnell ist eine Bohrung zu groß ausgedreht. Ich bohre deshalb dort, wo es darauf ankommt, erst einmal 1 mm tief ein, ziehe den Bohrkopf zurück und messe mit dem Innenmikrometer nach. Erst wenn ich sicher bin, dass das Maß stimmt, bohre ich ganz durch.

Wie bereits oben erwähnt, können Sie auf die Anfertigung der Deckel (z-Achse.5.1 und z-Achse.5.2) verzichten, wenn Sie die Spindelmutter nicht einstellbar machen. Sie wird dann einfach mit der Klemmschraube und

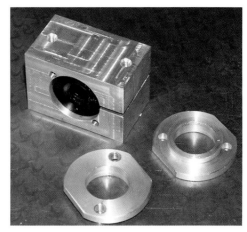

Abb. 59: Die fertige Spindelmutter der y-Achse mit den Deckeln

der Madenschraube S.11 fixiert. Wenn Sie die Deckel benutzen, dann achten Sie darauf, dass die Befestigungsbohrungen für die Deckel auf Vorder- und Rückseite des Mutterngehäuses um 90° versetzt sind. Bohren Sie deshalb zuerst die Deckel, schrauben Sie sie dann auf das Mutterngehäuse und fräsen Sie den Überstand der Deckel weg. So kann nichts schief gehen.

12.7.6. Antriebsspindel der z-Achse

Die Antriebsspindel (z-Achse.21) wird in der Drehmaschine hergestellt. Wichtig ist dabei, dass die Spindel in der Drehmaschine absolut rund läuft. Besitzen Sie kein Dreibackenfutter, das wirklich zentrisch spannt (wer hat das schon!?) oder ein Spannzangenfutter, dann empfehle ich Ihnen, die Spindel im Vierbackenfutter mit unabhängigen Spannbacken zu spannen und mit der Messuhr zu zentrieren. Das Ende der Spindel lassen Sie um ca. 100 mm aus dem Futter herausstehen und bringen eine Zentrierbohrung an. Danach setzen Sie den Reitstock mit der mitlaufenden Körnerspitze in die Zentrierung, um so den ziemlich langen Überhang abzustützen.

Drehen Sie die Form grob mit Übermaß vor und stellen Sie dann den Lagersitz mit 8 mm Durchmesser her. Probieren Sie mit dem Lager, bis das Maß stimmt und es sich spielfrei aufschieben lässt. Danach drehen Sie den Teil mit 6 mm Durchmesser auf Maß; hier können Sie mit der Zahnriemenscheibe probieren. Schneiden Sie das M6-Gewinde und fasen Sie alle Absätze leicht an. Dann spannen Sie die Spindel aus und fräsen oder feilen die Fläche für die Madenschraube der Zahnriemenscheibe.

12.7.7. Motorhalter

Der Motorhalter (z-Achse.20) ist ein einfaches Teil. Die Bohrungen mit 16 mm und 40 mm stellen Sie wieder mit dem Ausdrehkopf her. Haben Sie eine Drehmaschine mit einem ausreichend großen Vierbackenfutter mit unabhängigen Spannbacken, dann ist das eine gute Alternative.

Der Motorhalter ist so konstruiert, dass der Motor mit Blindmuttern zur Schwingungsdämpfung befestigt wird. Sollten Sie das nicht wollen, dann schneiden Sie an Stelle der Bohrungen mit 9,5 mm vier M5-Gewinde.

12.7.8. Festlager Antriebsspindel

Das Festlager besteht aus drei Teilen, dem Gehäuse (z-Achse.18), dem Zwischenring (z-Achse.14) und der Abstandsrolle (z-Achse.19). Alles sind einfache Drehteile, nur der Zwischenring ist schwierig zu spannen, wenn nach dem Abstechen die Rückseite bearbeitet werden soll. Ich benutze dafür eine Uhrmacherdrehbank mit Stufenspannzangen. Aber im Vertrauen gesagt, ich habe den Zwischenring mit der CNC-Fräsmaschine aus einer Aluplatte gefräst. Da Sie vermutlich weder das eine noch das andere haben, rate ich Ihnen, den Zwischenring vor dem Gehäuse herzustellen. Die Stärke des Zwischenrings von 3 mm ist nämlich nicht kritisch, Sie können die Länge des Gehäuses einfach anpassen. Wichtig ist nur, dass die beiden Kugellager und der Zwischenring zusammen um ca. 0,1 mm länger sind als das Gehäuse. Dadurch ist sichergestellt, dass die Lager im Gehäuse, wenn alles zusammengeschraubt ist, kein Axialspiel haben.

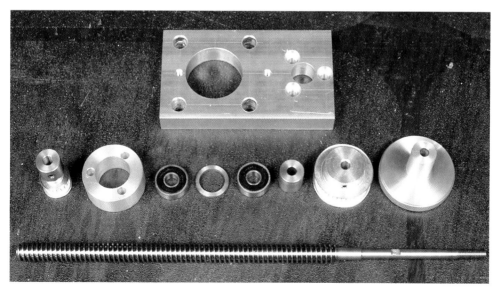

Abb. 60: Die Antriebsteile der z-Achse. Oben der Motorhalter, dann von links nach rechts: Zahnriemenscheibe für den Motor mit eingesetzter Nabe, Lagergehäuse, erstes Kugellager, Zwischenring, zweites Kugellager, Abstandsrolle, Zahnriemenscheibe für die Spindel, Handrad, darunter die Antriebsspindel

Den Teilkreis für die drei Befestigungsbohrungen sollten Sie, nachdem Sie die Bohrung für die Lager hergestellt haben, gleich mit dem Bohrstahl anreißen. Ich kann auf meiner Drehmaschine auch gleich die 180°-Teilung anreißen, weil sie ein Zahnrad mit 60 Zähnen auf der Hauptspindel hat. Wenn das bei Ihnen nicht geht, nehmen Sie einfach den guten, alten Anreißzirkel. Dafür habe ich die Zeichnung entsprechend vermaßt.

12.7.9. Zahnriemenscheiben

Die Zahnriemenscheibe für die Antriebsspindel (z-Achse.13) bekommt lediglich eine Gewindebohrung für die Madenschraube und bleibt ansonsten unverändert. Die Zahnriemenscheibe für den Motor (z-Achse.16) bekommt eine verlängerte Nabe aus Stahl (z-Achse.14) und wird auf 8 mm aufgebohrt, um die Nabe aufzunehmen. Die Nabe wird in der Zahnriemenscheibe mit Loctite 603 fixiert. Bei der Nabe sollten Sie den Ansatz mit 8 mm und die Innenbohrung mit 6,35 mm in einer Aufspannung fertig stellen.

Leider weisen die Wellen der Schrittmotoren Zollmaß auf (1/4 Zoll = 6,35 mm). Die Anschaffung einer Reibahle für 6,35 mm lohnt sich nicht, falls sie überhaupt erhältlich ist. Für den Preis bekommen Sie problemlos den kleinen Bohrstahl, mit dem Sie die Bohrung anfertigen können. Wenn Sie noch keinen Schrittmotor für die z-Achse haben, sollten Sie die Anfertigung der Nabe verschieben. Mit der Motorwelle können Sie nämlich leicht prüfen, ob Sie das richtige Maß beim Ausdrehen erreicht haben. Passen Sie aber auf: Im Motor sind extrem starke Dauermagnete, die Stahlspäne in die Lager ziehen können. Am besten dichten Sie die Lager provisorisch mit Klebeband ab.

12.7.10 Handrad und Stehbolzen der Schutzhaube

Das Handrad (z-Achse.12) ist ein einfaches Drehteil aus Aluminium, Stahl oder Kunststoff. Wenn Sie die Möglichkeit haben, sollten Sie es rändeln, das ist aber nicht wirklich wichtig. Auch die Stehbolzen zur Befestigung einer Schutzhaube über dem Zahnriemenantrieb (nicht gezeichnet) sind einfache Teile aus 8-mm-Rundstahl.

12.7.11. Werkzeughalter

Der Werkzeughalter (z-Achse.8) ist eine einfache Fräs- und Bohrarbeit.

12.7.12. Aufnahme für Fräsmotor

Bei der Aufnahme für den Fräsmotor (z-Achse.9) können Sie wieder entscheiden, ob Sie die Bohrung in der Fräsmaschine oder in der Drehmaschine herstellen wollen. Abhängig davon, was für einen Fräsmotor Sie verwenden werden, müssen Sie die Aufnahme gegebenenfalls modifizieren. Die Aufnahme ist bereits für einen Gravurtiefenregler vorbereitet.

12.7.13. Montage und Justierung

Zur Montage verwenden Sie die Übersichtszeichnung der z-Achse. Befestigen Sie mit acht Schrauben à M5 × 40 die Führungsböcke der y-Achse lose an der Grundplatte. Dabei müssen die Einstellschrauben für das Lagerspiel jeweils nach außen zeigen, sonst kommen Sie später nicht mehr an sie heran. Befestigen Sie das Gehäuse der Spindelmutter mit zwei Schrauben à M4 × 18. Schieben Sie die Führungswellen der y-Achse durch die Führungsböcke und legen Sie die Baugruppe auf zwei Parallelunterlagen auf die Anreißplatte, so wie in Abb. 61 gezeigt. Wenn Sie jetzt die Schrauben der Führungsböcke festziehen und die Führungswellen mit den Madenschrauben in den Böcken klemmen, muss die Baugruppe ohne Wackeln an allen vier Punkten plan aufliegen. Wenn nicht, ist entweder die Grundplatte verzogen oder die Höhe der Führungsböcke ist nicht gleich. Am leichtesten korrigieren Sie das Problem, indem Sie dort, wo es nötig ist, Shims unterlegen. Das ist dünne Folie aus Messing oder Stahl, die es in verschiedenen Stärken gibt. Sie

Abb. 61: Prüfen der Führungen der y-Achse auf Parallelität

kommen sicher mit 0,025, 0,05 und 0,1 mm aus. Weil diese Folie jedoch ziemlich teuer ist, versuchen Sie es vielleicht erst mal mit Haushalts-Alufolie oder Papier. Es ist wichtig, dass Sie mögliche Probleme jetzt beseitigen, später wird es schwieriger.

Wenn alles passt, schieben Sie die Führungsböcke der z-Achse auf die Führungswellen und dann die Wellenböcke auf die Enden der Führungswellen. Das Teil z-Achse.11 muss dabei auf der gleichen Seite liegen wie das Teil z-Achse.7. Befestigen Sie die Wellenböcke mit vier Schrauben à M5 × 40 lose auf der Grundplatte. Die Führungswellen müssen sich noch drehen lassen. Setzen Sie dann die Messuhr mit dem Elefantenfuß mittig so auf die Wellen, dass Sie die höchste Stelle erkennen, wenn Sie die Wellen drehen. Stellen Sie beide Wellen so ein, dass die höchste Stelle oben liegt. Das unterstellt natürlich, dass Ihre Wellen leicht krumm sind, und das werden sie auch sein, natürlich nur um wenige Hundertstel. Ziehen Sie dann die Schrauben an und klemmen Sie die Wellen fest. Damit

ist, so weit wie möglich, sichergestellt, dass die Wellen parallel verlaufen. Es ist eine gute Idee, die Wellen so zu markieren, dass Sie die gefundene Position auch ohne Messuhr wieder einstellen können.

Setzen Sie dann die vier Einstellschrauben M5 × 25 in die Führungsböcke, ziehen Sie sie aber noch nicht fest und befestigen Sie anschließend den Werkzeughalter mit vier Schrauben à M5 × 16 auf den Führungsböcken. Der Werkzeughalter sollte sich jetzt leicht von Anschlag zu Anschlag verschieben lassen. Tut er das nicht, dann lösen Sie alle Befestigungsschrauben des Werkzeughalters. Läuft er jetzt leicht, dann ziehen Sie die Befestigungsschrauben, eine nach der anderen, wieder an. Wenn es nach dem Anziehen der zweiten Schraube eines Führungsteils wieder klemmt, dann sind die Auflageflächen der Führungsböcke wahrscheinlich nicht parallel und plan. Es könnte auch sein, dass die Grundplatte oder der Werkzeughalter verzogen ist. Prüfen Sie das auf einer Anreißplatte mit der Messuhr. Klemmt es nur an einem Ende, dann

Abb. 62: Die teilweise zusammengebaute z-Achse von der rechten Seite

Abb. 63: Die teilweise zusammengebaute z-Achse von der linken Seite

haben die Bohrungen in den Wellenböcken nicht denselben Abstand. Klemmt es an beiden Enden und in der Mitte weniger, dann ist der Abstand der Bohrungen in den Wellen- und den Führungsböcken unterschiedlich. Arbeiten Sie gegebenenfalls die Teile nach und legen Sie Shims oder Ähnliches unter, bis alles passt.

Wenn alles leicht läuft, ziehen Sie die Einstellschrauben an, bis die Führung noch verschiebbar, aber auch kein Spiel feststellbar ist. Dazu spannen Sie die Grundplatte am besten in den Schraubstock und rütteln am Werkzeughalter. Die Einstellschrauben erreichen Sie durch die Bohrungen im Werkzeughalter.

Drehen Sie die Antriebsspindel einige Umdrehungen weit in die Spindelmutter. Stecken Sie die Lager mit dem Zwischenring auf die Spindel und schieben Sie das Lagergehäuse

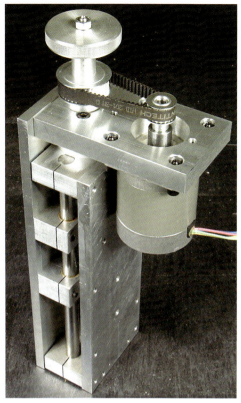

Abb. 64: Fertige z-Achse von rechts (der Motor ist nicht der endgültig gewählte)

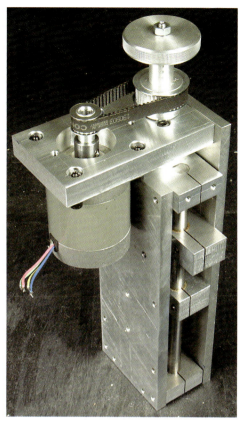

Abb. 65: Fertige z-Achse von links

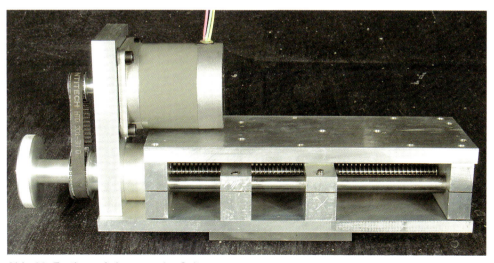

Abb. 66: Fertige z-Achse von der Seite

Abb. 67: Justierung der Führungen der z-Achse, hier schon am Portal montiert

darüber. Schieben Sie die Abstandsrolle auf die Spindel. Setzen Sie den Motorhalter auf und befestigen Sie ihn durch das Lagergehäuse hindurch mit drei Schrauben à M4 × 35. Befestigen Sie den Motor mit vier Blindmuttern und vier Schrauben à M5 × 18. Vorher müssen Sie die Befestigungsbohrungen des Motors auf 5 mm aufbohren. Nehmen Sie jetzt die beiden Zahnriemenscheiben, legen Sie den Zahnriemen darüber und schieben Sie die Zahnriemenscheiben gleichzeitig auf Antriebsspindel und Motorwelle. Achten Sie darauf, dass die Madenschraube der Zahnriemenscheibe der Antriebsspindel auf der gefrästen Fläche sitzt. Ziehen Sie die Madenschraube leicht an. Schrauben Sie dann das Handrad auf die Antriebswelle und stellen Sie die Lager damit so ein, dass kein Axialspiel zu fühlen ist, die Welle sich aber noch einigermaßen leicht drehen lässt. Kontern Sie dann das Handrad mit einer M6-Mutter und ziehen Sie die Madenschraube in der Zahnriemenscheibe fest an. Bringen Sie die Zahnriemenscheibe auf der Motorwelle auf die richtige Höhe und ziehen Sie deren Madenschraube an. Eventu-

ell müssen Sie sich dazu einen Inbusschlüssel kürzer schleifen.

Wenn Ihre Schrittmotorsteuerung schon fertig ist, können Sie den Motor jetzt anschließen und einen Probelauf machen. Anschließend nehmen Sie die z-Achse soweit wieder auseinander, damit Sie die Grundplatte mit den Führungsböcken der y-Achse separat haben.

12.8. Teile der Basis

Wenn Sie bisher die z-Achse erfolgreich aufgebaut haben und immer noch Lust verspüren, das Projekt weiterzutreiben, dann ist es jetzt an der Zeit, die restlichen Materialien zu beschaffen.

12.8.1. Aufspannplatte

An der Aufspannplatte fallen eigentlich gar keine Arbeiten an, bis auf das eventuelle Entgraten der Profile. Legen Sie dann die Profile nebeneinander auf den Arbeitstisch.

12.8.2. Querträger

Die Querträger (Basis.1 und Basis.7) fertigen Sie aus Profilen von 60 mm × 20 mm Querschnitt an. Achten Sie darauf, dass die Profile nicht verzogen sind. Bei mir war ein Profil in der Längsachse verdreht, das hat mir viel unnötige Arbeit beschert. Das Wichtigste ist, dass die hochkant gestellten Profile absolut eben sind, andernfalls wird die Aufspannplatte gewölbt. Hier sollten Sie also schon beim Materialeinkauf aufpassen, indem Sie die Profile gegeneinander legen. Wenn Sie das in verschiedenen Positionen machen, werden Sie Abweichungen leicht feststellen. Ein Nacharbeiten verzogener Profile ist mit unseren Mitteln kaum möglich, das müssten Sie dann schon auf einer entsprechend großen Fräsmaschine machen lassen.

Die genaue Höhe der Querträger ist nicht entscheidend, die wichtigen Maße habe ich alle von der Oberkante aus angegeben, von dort sollten Sie auch anreißen. Um die Bohrungen für die Führungswellen herzustellen,

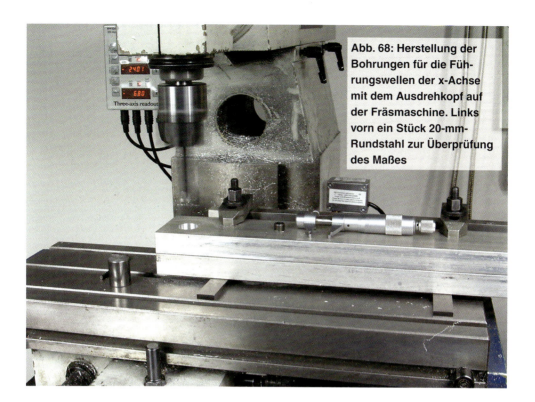

Abb. 68: Herstellung der Bohrungen für die Führungswellen der x-Achse mit dem Ausdrehkopf auf der Fräsmaschine. Links vorn ein Stück 20-mm-Rundstahl zur Überprüfung des Maßes

müssen Sie die Profile miteinander verschrauben, nur so ist sichergestellt, dass die Bohrungen denselben Abstand haben. Legen Sie die Profile dazu bündig aufeinander und klemmen Sie sie mit Zwingen zusammen. Bohren Sie dann mit 4,8 mm durch beide Profile, natürlich an Stellen, wo nach Zeichnung sonst keine Bohrung hinkommt! Nehmen Sie die Profile wieder auseinander und schneiden Sie in ein Profil M6-Gewinde. Die Bohrungen im anderen Profil erweitern Sie auf 6,3 mm. Schrauben Sie dann die Profile zusammen, und zwar so, dass die Seiten, die später die Oberseiten werden, genau nebeneinander liegen. Das geht am besten auf der Anreißplatte. „Knallen" Sie danach die Schrauben richtig an, damit sich nichts verschieben kann. Markieren Sie die Außenseiten der Profile. Sie zeigen bei der späteren Montage an der Aufspannplatte ebenfalls nach außen.

Im nächsten Schritt fräsen Sie die Enden der Profile auf Länge und genau winklig.

Schaffen Sie sich einen Parallelanschlag auf dem Fräsmaschinentisch (ich benutze dafür geschliffene Nutensteine, die genau in die Nuten des Tischs passen und so weit herausstehen, dass ich das Werkstück dagegen anschlagen kann) und richten Sie damit das Profilpaket, das Sie auf zwei genaue Unterlagen gelegt haben, parallel zur x-Achse aus. Mit dem Kantentaster positionieren Sie die Fräsmaschinenspindel über die erste Bohrung. Klemmen Sie die Achsen. Nach dem Zentrieren bohren Sie soweit auf, wie es Ihre Möglichkeiten zulassen, jedoch nicht mehr als ca. 19,5 mm. Den Rest bis 19,8 mm stellen Sie mit dem Ausdrehkopf her, um eine wirklich senkrechte Bohrung zu erhalten. Das Endmaß von 20 mm stellen Sie, wenn möglich, mit der Reibahle her. Ist die Reibahle zu lang für die Fräsmaschine, müssen Sie das Endmaß mit dem Ausdrehkopf herstellen.

Wenn die erste Bohrung fertig gestellt ist, schieben Sie das andere Ende des Profilpakets

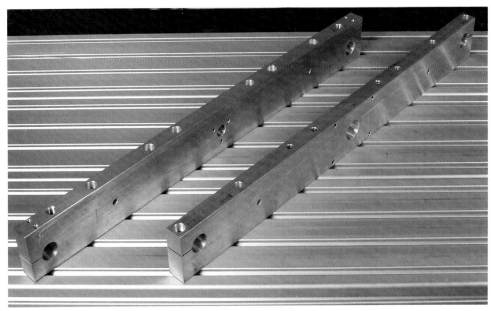

Abb. 69: Die fertigen Querträger. Der linke Querträger ist von unten, der rechte von oben zu sehen

unter die Fräsmaschinenspindel, drehen es dabei aber nicht um! Lösen Sie die Klemmung der x-Achse; die y-Achse bleibt geklemmt. Positionieren sie dann die Fräsmaschinenspindel mit dem Kantentaster in x-Richtung über die zweite Bohrung und stellen Sie diese, wie oben beschrieben, ebenfalls her.

Anschließend stellen Sie die Befestigungsbohrungen auf der Fräsmaschine her, die Sie unbedingt von der Oberseite der Profile her beginnen müssen (das sind die Seiten, die keine Senkung für den Schraubenkopf erhalten). Lassen Sie dabei die Profile zusammengeschraubt und stellen Sie immer zwei gegenüberliegende Bohrungen durch Verstellen der y-Achse her, nachdem Sie die Profile in Längsrichtung positioniert haben. Dadurch wird sichergestellt, dass die Befestigungsbohrungen bei beiden Querträgern denselben Abstand von den Bohrungen für die Führungswellen haben. Speziell bei den Passbohrungen à 8 mm H7 ist das besonders wichtig! Der Abstand der Passbohrungen ist kritisch, er muss genau 360 mm betragen. Ist er kleiner, können Sie den Querträger nicht auf der Aufspannplatte befestigen, ist er größer, bekommen Sie Lücken zwischen den Profilen. Im Zweifel ist ein größerer Abstand also besser. Sie sehen das Verfahren in Abb. 70. Natürlich sollten die Profile zum Bohren an den Anschlag geklemmt werden!

Stellen Sie alle weiteren Bohrungen, Gewinde und Schlitze an den Teilen her. Die 1 mm tiefen und 32 mm breiten Ausklinkungen an den Enden der Profile sind notwendig, weil die Abdeckprofile für die Führungen etwas größer als 40 mm × 40 mm sind und deshalb über die Aufspannplatte hinausragen würden. Ich habe das zu spät bemerkt und durfte die 1.000 mm langen Profile 1 mm schmaler sägen.

12.8.3. Längsträger

Die Längsträger (Basis.10) müssen Sie zur Bearbeitung ebenfalls zusammenschrauben. Die Bohrungen und Gewinde dafür sind in der Zeichnung schon vorgesehen. Fräsen Sie dann die Enden winklig und auf Maß. Bringen

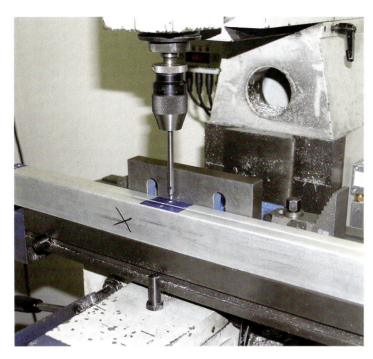

◀ Abb. 70: Parallelanschlag für das genaue Bohren der Längsträger

▼ Abb. 71: Vermessen und Markieren der Führungswellen

Sie danach nur die Bohrungen für die langen Befestigungsschrauben und die Bohrungen mit 6,4 mm ein. Denken Sie daran, die Bohrungen von der Oberseite her einzubringen. Die M6-Gewinde an den Schmalseiten und die Bohrungen à 6 mm H7 werden erst beim Zusammenbau hergestellt.

Es ist für die Genauigkeit der fertigen Maschine sehr wichtig, die Befestigungsbohrungen genau in der Mitte des Profils einzubringen. Der Abstand von den Profilenden ist dagegen nicht kritisch. Ich habe mir deshalb einen Parallelanschlag auf den Fräsmaschinentisch geschraubt und mit dem Kantentaster so ausgerichtet, dass das Zentrum der Frässpindel genau 7,5 mm vom Anschlag entfernt ist (siehe Abb. 70). Stellen Sie zunächst mit geklemmter y-Achse die Bohrungen im ersten Längsträger her. Drehen Sie dann das Profilpaket herum und stellen Sie die Bohrungen im zweiten Längsträger her. Vor jeder Bohrung sollten Sie das Profilpaket mit einer Zwinge an den Anschlag klemmen.

12.8.4. Führungswellen

Die Führungswellen (Basis.11) haben Sie sicherlich bereits in der Länge von 1.000 mm gekauft. Es bleibt nur noch, die Enden leicht anzufasen. Die Bohrungen à 6 mm H7 stellen Sie erst beim Zusammenbau her. Haben Sie die Wellen noch nicht poliert, dann tun Sie das jetzt.

Messen Sie jetzt mit einer Messuhr mit Elefantenfuß den Höhenschlag der Führungswellen, so wie in Abb. 71 gezeigt. Drehen Sie die Wellen so weit, bis der höchste Punkt oben ist. Bringen Sie dann an einem Ende der Wellen eine Markierung an, die aus einem senkrechten Pfeil besteht, dessen Spitze nach oben zeigt. Diese Markierung ist später für den korrekten Einbau der Wellen wichtig.

12.8.5. Antriebsspindel der x-Achse

Die Antriebsspindel (Basis.6) ist zu lang, um die Enden vernünftig in der Drehmaschine zu bearbeiten. Bei meiner Drehmaschine kommt hinzu, dass die Bohrung in der Hauptspindel kleiner als 16 mm ist. Ich habe mir allerdings vor dem Bau der Portalfräsmaschine eine größere Drehmaschine angeschafft, mit der ich zumindest den 8 mm starken Ansatz an der Festlagerseite der Spindel herstellen konnte. Auch das Spindelendstück an der Loslagerseite habe ich etwas anders gebaut, deshalb entsprechen die Fotos nicht genau den Zeichnungen.

Die Spindelendstücke (Basis.5 und Basis.5.1) sind eigentlich einfache Drehteile, haben aber eine kleine Tücke. Die Bohrung zur Aufnahme der Spindel muss genau zentrisch zur Aufnahme für die Kugellager laufen. Das ist in einer Aufspannung leider nicht zu machen. Fertigen Sie sich deshalb zunächst den Mitnehmer Basis.5.2 an. Anschließend bringen Sie die Rohteile für die Spindelenden auf genaue Länge und nehmen die Bohrungen vor. Den Durchmesser der Bohrungen machen Sie genau so groß, dass die Spindel stramm und ohne Spiel hineinpasst.

Spannen Sie dann ein Stück Rundstahl ins Futter und drehen Sie darauf einen 25 mm langen Ansatz, auf den wiederum die Rohlinge der Spindelendstücke spielfrei aufgeschoben werden können. Spannen Sie das Teil nicht aus! Schieben Sie vielmehr nun ein Spindelendstück auf den Ansatz und schrauben Sie den Mitnehmer so darauf fest, dass der 6-mm-Rundstahl zwischen zwei Futterbacken sitzt. Bringen Sie am Ende des Rohlings eine Zentrierbohrung an und stützen sie ihn mit der mitlaufenden Körnerspitze ab. Jetzt können Sie die restlichen Bearbeitungsschritte vornehmen und erhalten perfekt rund laufende Spindelendstücke. Die Spindelendstücke kleben Sie aber noch nicht auf die Spindel!

12.8.6. Festlager der Antriebsspindel

Die Teile für das Festlager der Antriebsspindel (Basis.2, Basis.3, Basis.4) werden genau so angefertigt wie die Teile für das Festlager der z-Achse.

Abb. 72: Loslager-Schlitzen mit einem 3-mm-Fräser

Abb. 73: Loslager – zur Hälfte durchgesägt

mit dem Kantentaster in der x-Achse auf die Mitte des Rings (das Zentrum ist nicht nötig) und fräsen Sie mit einem Fräser von 3 mm Durchmesser und mindestens 10 mm Länge ganz leicht (ca. 0,1 mm tief) in der y-Achse quer über den Ring. Damit haben Sie eine Mittellinie markiert. Fräsen Sie dann eine Seite des Rings 10 mm tief durch.

Abb. 74: Loslager – waagerecht eingespannt

Abb. 75: Loslager – die Bohrung für den Schraubenkopf wird hergestellt

12.8.7. Loslager Antriebsspindel

Das Loslager (Basis.8) besteht aus Rundmaterial von 40 mm Durchmesser, das Sie beidseitig auf 27 mm Länge plan drehen. Stellen Sie dann die Durchgangsbohrung mit zunächst 20 mm Durchmesser her (noch nicht auf Endmaß ausdrehen!). Spannen Sie den so entstandenen Ring senkrecht auf Parallelauflagen in den Maschinenschraubstock der Fräsmaschine, so dass er um ca. 12 mm nach oben herausragt. Positionieren Sie die Fräsmaschinenspindel

Abb. 76: Loslager – das Gewindekernloch wird gebohrt

Abb. 77: Loslager – die Innenbohrung wird fertig gestellt

Mit einem 1 mm starken Kreissägeblatt schneiden Sie den Ring in 10 mm Höhe (Oberkante des Sägeblatts) durch Verfahren der y-Achse halb durch. Wählen Sie eine niedrige Drehzahl und verwenden Sie reichlich Schneidöl, Kreissägeblätter fressen sich furchtbar gern fest.

Abb. 78: Das fertige Loslager

Jetzt spannen Sie das Teil waagerecht in den Maschinenschraubstock, dabei orientieren Sie sich an der vorher gefrästen Mittellinie. Positionieren Sie dann das Zentrum der Fräsmaschinenspindel mit dem Kantentaster auf die Schraubenbohrung und stellen Sie die 8-mm-Bohrung mit einem entsprechenden Fräser her. Danach zentrieren Sie das Kernloch des Gewindes, bohren es mit 3,2 mm und öffnen den oberen Teil der Bohrung bis zum Schlitz auf 4,3 mm. Drehen Sie den M4-Gewindebohrer im Bohrfutter der Fräsmaschine leicht ein, dann nehmen Sie das Teil aus der Fräsmaschine und stellen das Gewinde fertig.

Schließlich spannen Sie das Teil mit der geschlitzten Seite wieder so ins Futter der Drehmaschine, dass ca. 13 mm herausstehen, drehen nun den Ansatz von 26 mm Durchmesser und bringen in derselben Aufspannung die Bohrung auf das Endmaß von 22 mm. Die Größe der Bohrung prüfen Sie mit dem Außenring eines Kugellagers, der möglichst spielfrei hineingleiten muss (Schiebesitz).

12.8.8. Motorhalter

Der Motorhalter (Basis.9) ist ein einfaches Teil. Die Bohrung von 40 mm stellen Sie wieder mit dem Ausdrehkopf her. Haben Sie eine Drehmaschine mit einem ausreichend großen Vierbackenfutter mit unabhängigen Spannbacken, dann ist das eine gute Alternative.

Der Motorhalter ist so konstruiert, dass der Motor mit Blindmuttern zur Schwingungsdämpfung befestigt wird. Sollten Sie das nicht wollen, dann schneiden Sie an Stelle der Bohrungen mit 9,5 mm vier M5-Gewinde.

12.8.9 Kupplung

Die Kupplung wird mit beidseitigen Bohrungen von 5 mm Durchmesser geliefert und muss in der Drehmaschine aufgebohrt werden. Dazu müssen Sie die Kupplungsteile rund laufend in die Drehmaschine einspannen. Das gelingt eigentlich nur in einem Vierbackenfutter mit unabhängig einstellbaren Backen. Bohren Sie dann mit einem kleinen Bohrstahl die eine Kupplungshälfte auf 6,35 mm und die andere auf 8 mm auf. Prüfen Sie dabei mit der Motorwelle oder dem Spindelendstück.

12.8.10. Handrad

Das Handrad (Basis.16) ist ein einfaches Drehteil aus Aluminium oder Kunststoff. Wenn Sie Schwingungsdämpfer verwenden wollen, dürfen Sie das Handrad nicht aus Stahl anfertigen. Die Anziehungskraft des Magneten wird dadurch so groß, dass der Motor ab und zu durch seine Massenträgheit am Anlaufen gehindert wird – ich habe es selbst ausprobiert.

Wenn Sie die Möglichkeit dazu haben, sollten Sie das Handrad rändeln, das ist aber nicht wirklich wichtig.

12.8.11. Halter für die Ablage der Energiekette

Diese Teile (Basis.15) stellen Sie einfach nach Zeichnung her.

12.9. Teile des Portals

12.9.1. Grundplatte, Querjoch und Versteifung ablängen und auf Maß fräsen

Um ein genau rechtwinkliges Portal zu erhalten, müssen alle Querteile auf die genau gleiche Länge gebracht werden. Weil Sie vermutlich keine Möglichkeit haben, die großen Längen präzise zu messen, schrauben Sie einfach alle drei Teile (Portal.1, Portal.2 und Portal.4) zusammen und bearbeiten die Enden gemeinsam.

Abb. 79: Die Zusammenstellung der Querteile des Portals für die gemeinsame Bearbeitung

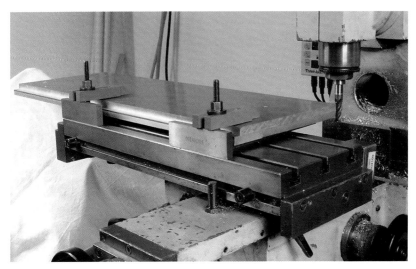

Abb. 80: Die Querteile des Portals beim Fräsen der Längskanten

Ein weiteres Problem, das sich so lösen lässt, sind die sägerauen Kanten der aus Platten ausgeschnittenen Teile. Sie müssen sauber abgefräst und auf Maß gebracht werden. Mit einer Fräsmaschine mit einem Verfahrweg von mindestens 600 mm wäre das kein besonderes Problem, meine Fräsmaschine hat aber nur einen Verfahrweg in der x-Richtung von 200 mm. Deshalb musste ich die Kanten in drei Durchgängen fräsen und die Teile auf dem Fräsmaschinentisch gegen einen Parallelanschlag jeweils 200 mm weiter schieben. Das funktioniert aber nur, wenn es eine glatte, gerade Kante gibt, die an den Parallelanschlag angelegt werden kann. Diese gerade Kante sollten die fraglichen Teile aber erst bekommen! Die Lösung ist das Profil für das Teil Portal.4, das schon als Rohteil gerade Längskanten hat. Das Schema, nach dem ich die drei Teile zusammengeschraubt habe, sehen Sie in Abb. 79. Unten liegt das Rohteil für Portal.1, rechts darauf das für Portal.2 und links das Profil für Portal.4.

Ich habe die Teile mit Senkkopfschrauben zusammengeschraubt, damit die Schraubenköpfe beim Aufspannen nicht stören. In Abb. 80 sehen Sie das Teilepaket aufgespannt auf die Fräsmaschine beim Fräsen der Längskanten. Die Parallelanschläge können Sie nicht sehen, weil Sie von den Stützen der Spannpratzen verdeckt werden. Ich habe dafür die bereits erwähnten geschliffenen Nutensteine verwendet.

12.9.2. Grundplatte
Die Grundplatte (Portal.1) bietet keine Besonderheiten. Die absolute Länge ist nicht kritisch, sie muss nur mit der von Querjoch und Versteifung übereinstimmen.

12.9.3. Querjoch
Beim Querjoch achten Sie bitte darauf, dass Sie die Absätze an den Enden der Platte noch nicht fräsen. Gleiches gilt für die jeweils vier Bohrungen an den Enden, die Sie zunächst nur an einem Ende herstellen. Die Bohrungen 5 mm H7 werden ebenfalls erst später bei der Montage hergestellt.

12.9.4. Versteifung
Die Versteifung (Portal.4) fertigen Sie nach Zeichnung. Sie bietet keine Besonderheiten. Achten Sie aber darauf, die beiden 4,2-mm-Bohrungen nur auf der gezeichneten Seite der Versteifung anzubringen. Sie dienen zur Befestigung für das Gehäuse der Spindelsteuerung. Bauen Sie diese Steuerung nicht, können Sie die Bohrungen weglassen.

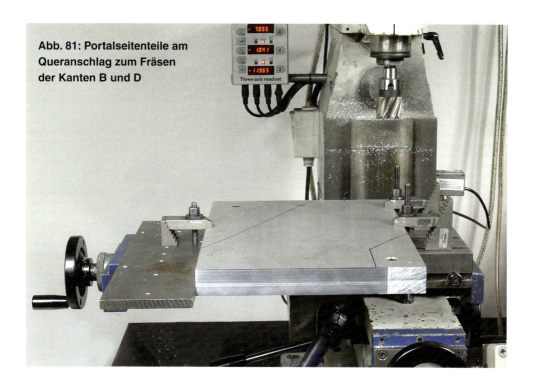

Abb. 81: Portalseitenteile am Queranschlag zum Fräsen der Kanten B und D

12.9.5. Seitenteile

Die Seitenteile des Portals (Portal.5 und Portal.6) waren die am schwersten herzustellenden Teile des ganzen Projekts, weil sie eindeutig zu groß für meine Fräsmaschine sind.

Kritisch sind die mit A, B, und C bezeichneten Kanten des Werkstücks. Dabei muss Kante A exakt im rechten Winkel zur Kante B stehen! Kante C sollte im rechten Winkel zur Kante B stehen, das ist aber nicht wirklich entscheidend. Bei den Maßen sind nur die Länge der Kanten A und B wichtig und natürlich die Positionen der Bohrungen relativ zu den Kanten A–D.

Wie zuvor schon einmal erwähnt, brauchen Sie die Portalseiten nicht in der vorgeschlagenen gekröpften Form zu bauen. Ich habe dazu Zeichnungen angefertigt, welche die alternative Form zeigen. Um die Seiten der dann rechteckigen Platten abzufräsen, können Sie das gleiche Verfahren wie bei den Querteilen des Portals anwenden. Ich werde im Folgenden allerdings beschreiben, wie ich die gekröpften Portalseiten hergestellt habe.

Zunächst schraubte ich die Rohteile mit Senkkopfschrauben zusammen und zeichnete darauf beidseitig grob die Form der Fertigteile an. Als Nächstes fräste ich die Kanten B und D. Weil ich die Teile sonst nicht hätte aufspannen können, spannte ich mir einen Queranschlag aus einem Stück Flachstahl auf den Maschinentisch (Abb. 81). Für den kritischen Teil, nämlich das Fräsen der Kante A im rechten Winkel zur Kante B habe ich den Queranschlag so modifiziert, dass ich das Werkstück mit der Kante B gegen zwei Stifte anschlagen konnte, die genau im rechten Winkel zur x-Achse der Maschine standen. Das Ausrichten der Stifte (die Schäfte zweier 6-mm-Fräser) zeigen Abb. 82 und Abb. 83. Den Winkel haben ich nur genommen, weil in dem Moment nichts Besseres da war. Ein Stück Flachstahl gegen beide Stifte gelegt und mit der Messuhr abgefahren, hätte den gleichen

Abb. 82: Ausrichten des hinteren Anschlagstifts mit der Messuhr

Abb. 83: Ausrichten des vorderen Anschlagstifts mit der Messuhr

Abb. 84: Portalseitenteile zum Fräsen der Kante A aufgespannt

◂ Abb. 85: Bohren der Löcher für die Führungswellen in die Portalseitenteile

Dienst getan. Ich hatte aber keinen Flachstahl, der absolut gerade war und parallele Kanten aufwies. Das alles war auch nur nötig, weil der Tisch meiner Fräsmaschine zu kurz war, um die Teile vernünftig aufzuspannen. Wenn Sie einen längeren Fräsmaschinentisch haben, tun Sie sich sicherlich leichter.

Das zum Fräsen der Kante A aufgespannte Werkstück und das Bohren der Löcher für die Führungswellen mit dem Ausbohrkopf zeigen die Abbildungen 84 und 85.

Das Bohren der Gewindekernlöcher von vorn in die Kante A gestaltete sich insofern schwierig, als der Abstand zwischen Tisch und Futter meiner Tischbohrmaschine dafür zu gering ist. Ich habe mir damit geholfen, dass ich zunächst eine Lehre aus einem Stück Vierkantstahl und einem Aluminiumblech anfertigte, die es mir erlaubte, die Bohrungen auch mit einer Handbohrmaschine genau senkrecht einzubringen. Den Einsatz der Vorrichtung zeigt Abb. 86.

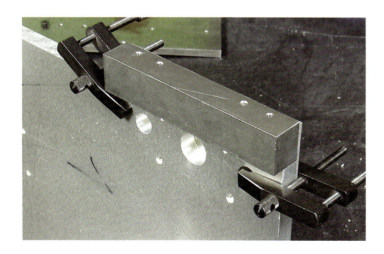

Abb. 86: Vorrichtung zum Bohren der Gewindekernlöcher in Kante A der Portalseitenteile

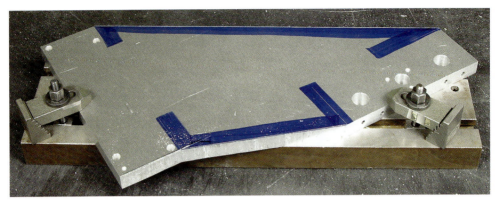

Abb. 87: Vorrichtung zum Fräsen der schrägen Kanten der Portalseitenteile

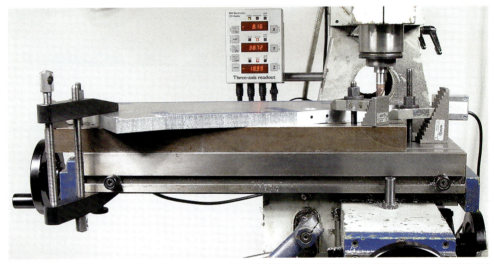

▲ **Abb. 88: Die Vorrichtung zum Fräsen der schrägen Kanten der Portalseitenteile im Einsatz**

▶ **Abb. 89: Die fertigen Portalseitenteile**

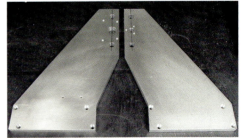

Die schrägen Kanten der Portalseitenteile habe ich mit meiner Vertikalbandsäge hergestellt, Gleiches gilt für die Schlitze zum Klemmen der Führungswellen in den Portalseitenteilen. Die schrägen Kanten habe ich anschließend glatt gefräst, dazu war mal wieder eine Vorrichtung nötig, weil der Verfahrweg zu kurz war. Sie sehen die Vorrichtung, einen Zwischentisch, in Abb. 87 und Abb. 88.

12.9.6. Führungswellen

Die Führungswellen (Portal.3) werden genau so bearbeitet wie die Führungswellen der Basis. Bringen Sie auch hier die Markierungen an.

12.9.7. Führungsböcke der x-Achse
Die Führungsböcke der x-Achse (Portal.8) fertigen Sie nach dem gleichen Verfahren wie die Führungsböcke der y-Achse an. Es ist absolut erforderlich, dass die Kanten A und B im rechten Winkel zueinander stehen, andernfalls wird das Portal schief und/oder die Führungen der x-Achse klemmen. Prüfen Sie das mit einem Haarwinkel nach. Die Breite von 52 mm oder die Höhe von 59 mm sind nicht wirklich kritisch. Wichtig ist, dass der Abstand der Befestigungsbohrungen und natürlich der Abstand der Bohrung für die Führungswelle zu den Kanten A und B stimmen.

12.9.8. Antriebsspindel der y-Achse
Die Enden der Antriebsspindel (Portal.12) werden komplett in der Drehmaschine, so wie bei der Antriebsspindel der z-Achse (z-Achse.21) beschrieben, bearbeitet. Alternativ können Sie sich natürlich separate Spindelenden anfertigen.

12.9.9. Spindelmutter der x-Achse
Die Bohrung im Mutterngehäuse (Portal.7) stellen Sie entweder mit dem Ausdrehkopf auf der Fräsmaschine oder im Vierbackenfutter mit unabhängigen Spannbacken in der

Abb. 90: Die fertige Spindelmutter der x-Achse

Drehmaschine her. Die Deckel (Portal.7.2 und Portal.7.3) müssen Sie nur anfertigen, wenn Sie die Spindelmutter (Portal.7.1 schlitzen und einstellbar machen. Andernfalls hält die Klemmschraube die Mutter. In diesem Fall kürzen Sie die Mutter auch nicht auf 24 mm, sondern nur auf 30 mm. Das Maß von der Unterkante des Gehäuses bis zum Zentrum der Bohrung ist kritisch.

12.9.10. Festlager der Antriebsspindel
Die Teile für das Festlager der Antriebsspindel (Portal.9, Portal.10 und Portal.11) stellen Sie genauso her, wie beim Festlager der z-Achse beschrieben. Es ist sicher sinnvoll, alle Festlager zusammen anzufertigen.

12.9.11. Loslager der Antriebsspindel
Das Loslager entspricht exakt dem Loslager der x-Achse und sollte auch gemeinsam mit diesem angefertigt werden.

12.9.12. Motorhalter
Der Motorhalter (Portal.13) wird genau so wie der Motorhalter der Basis hergestellt.

12.9.13 Kupplung
Die Kupplung bearbeiten Sie genau so wie die Kupplung der Basis.

12.9.14. Handrad
Das Handrad (Portal.17) bearbeiten Sie genau so wie das Handrad der Basis.

12.9.15. Halter für Anschlusskasten
Der Halter für den Anschlusskasten ist ein einfaches Frästeil. Mit einer Stärke von 10 mm ist er sicherlich überdimensioniert, aber ich wollte vorhandenes Halbzeug verwenden.

12.9.16 Profilverbinder
Die Profilverbinder dienen dazu, die Profile der Aufspannplatte in der Mitte, zusätzlich zu den Querträgern an den Enden, zu verbinden und zu versteifen. Fertigen Sie sie aus

Flachstahl von 45 mm × 5 mm an. Die Breite ist nicht kritisch, die Dicke schon, weil sonst das Mutterngehäuse der x-Achse anschlagen kann. Die Bohrungen sollten so genau wie möglich ausgeführt werden, damit sie genau über den Nuten der Profile liegen.

12.10. Montage und Justierung der Basis

Befestigen Sie die Längsträger mit eingesteckten Passhülsen jeweils in der äußersten linken und rechten Nut der Aufspannplatte. Benutzen sie dazu Schrauben à M6 × 45 und Wellenmuttern. Halten Sie an einem Ende der Aufspannplatte einen Abstand zu den Enden der Längsträger von genau 20 mm ein.

Stecken Sie die Enden der Führungswellen in die Querträger. Die bei der Bearbeitung markierten Seiten der Querträger müssen außen liegen. Schrauben Sie die Querträger auf der Aufspannplatte fest. Nehmen Sie dazu zwölf Schrauben à M6 × 85 mit Wellenmuttern und setzen Sie die Passhülsen ein, damit der Querträger in der Nut der Aufspannplatte genau positioniert ist. Drehen Sie die Führungswelle so, dass der Pfeil, der die höchste Stelle der Welle markiert, nach außen, zu den Enden der Querträger zeigt und waagerecht liegt. Klemmen Sie die Führungswellen an beiden Querträgern mit Schrauben à M6 × 30. Markieren Sie alle Teile so, dass Sie sie später wieder in denselben Positionen zusammenbauen können.

Bohren Sie mit einer Handbohrmaschine durch die 4,8-mm-Löcher in den Querträgern ca. 15 mm tief in die Enden der Längsträger. Öffnen Sie die Bohrungen in den Querträgern auf 6,4 mm und schneiden Sie M6-Gewinde in die Enden der Längsträger. Befestigen Sie die Längsträger an den Querträgern mit vier Schrauben à M6 × 30.

Messen Sie den Abstand zwischen Führungswelle und Längsträger an jedem Ende der Längsträger. Am einfachsten geht das mit einer geschliffenen Parallelunterlage und Fühlerlehren, die Sie zwischen Längsträger und Führungswelle schieben. Dieses Maß müssen Sie sehr genau ermitteln und es sollte an beiden Enden einer Führungswelle bis auf wenige Hundertstel gleich sein. Gegenüber der anderen Führungswelle kann es natürlich Abweichungen geben. Sind die Maße nicht gleich, haben Sie beim Einbringen der Passbohrungen in den Quer- oder Längsträgern gepatzt. Schreiben Sie die ermittelten Maße mit einem wasserfesten Filzstift auf die Enden der Führungswellen.

◄ Abb. 91: Die Befestigung des Querträgers an der Aufspannplatte

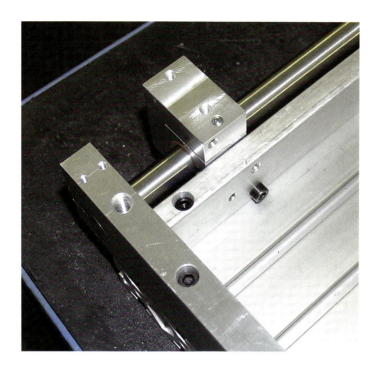

Abb. 92: Längsträger, zur Bearbeitung an den Führungsbock geschraubt

Stellen Sie jetzt für jedes ermittelte Maß eine Abstandshülse, insgesamt also vier, her. Diese bestehen aus 8-mm-Rundstahl, der mit 6,1 mm durchbohrt ist.

Nehmen Sie die Querträger wieder ab und entfernen Sie die Passhülsen. Schieben Sie auf eine Führungswelle zwei Führungsböcke. Wenn Sie die Böcke paarweise bearbeitet haben, schieben Sie ein Paar auf die Welle. Stecken Sie dann die Enden der Welle in die Querträger und legen Sie die Querträger auf die Aufspannplatte. Die Schlitze in den Böcken müssen in Richtung der Längsträger zeigen. Die bei der Bearbeitung markierten Seiten der Querträger müssen wieder außen liegen.

Befestigen Sie einen Führungsbock an jedem Enden des Längsträgers lose mit zwei Schrauben à M6 × 25. Klemmen Sie die Führungsböcke auf die Welle, indem Sie die Madenschrauben anziehen. Ziehen Sie die M6×25-Befestigungsschrauben an und drücken Sie dabei die Querträger auf die Aufspannplatte. Lösen Sie die Klemmschrauben und nehmen Sie die Querträger von den Führungswellen ab. Entfernen Sie alle Befestigungsschrauben und nehmen Sie den Längsträger mit der Führungswelle von der Aufspannplatte ab.

Spannen Sie den Längsträger mit der Welle nach oben auf den Tisch der Fräsmaschine und positionieren Sie die Fräsmaschinenspindel mit Hilfe des Kantentasters genau auf die Mitte der Welle und auf das in der Zeichnung angegeben Maß für die Befestigungsbohrungen à 6 mm H7. Die Längsmaße sind nicht kritisch. Zentrieren Sie mit dem Zentrierbohrer und bohren Sie 5,8 mm durch die Führungswellen und den Längsträger. Reiben Sie die Bohrungen auf 6 mm auf.

Nehmen Sie die Welle vom Längsträger ab und kleben Sie die Befestigungsbolzen mit Loctite 480 so ein, dass die Gewinde entgegen der Pfeilmarkierung, also an der niedrigsten Seite, aus der Welle herausragen. Auf der anderen Seite der Welle dürfen die Bolzen natürlich nicht herausschauen. Lassen Sie das Loctite zwei bis drei Stunden

◀ Abb. 93: Die Führungswellen werden gebohrt

▶ Abb. 94: Längsträger mit Passhülse.

▼ Abb. 95: Die montierte Basis. Die Grundplatte des Portals ist schon befestigt.

abbinden. Das Bohren der Wellen sehen Sie in Abb. 93. Dort wird zwar das Bohren der Wellen der Y-Führung gezeigt, das Prinzip ist aber das gleiche.

Verfahren Sie genauso mit der anderen Führungswelle. Montieren Sie anschließend beide Querträger, beide Längsträger und beide Führungswellen; auf jeden Befestigungsbolzen schieben Sie vorher die zugehörige Abstandshülse. Mit M6-Muttern schrauben Sie die Bolzen an die Längsträger. Ziehen Sie die Muttern nur so weit an, bis sich die Abstandshülsen nicht mehr drehen lassen. Es besteht sonst die Gefahr, dass sich die Bolzen in den Führungswellen lösen. Vergessen Sie nicht, die Führungsböcke auf die Wellen zu schieben. Wichtig ist, dass Sie nur bei einem Längsträger Passhülsen verwenden, das ist das „Festlager". Der andere Längsträger muss geringfügig verschiebbar bleiben, dieses „Loslager" werden Sie später noch justieren.

Montieren Sie die Profilverbinder mit zwölf M8-Senkkopfschrauben. Achten Sie dabei auf gleiche Abstände zwischen den Querträgern und den Verbindern wie auch bei den Verbindern untereinander. Auf einigen Bildern sehen Sie, dass ich einzelne Profilverbinder verwendet habe. Im Nachhinein bin ich aber der Meinung, dass durchgehende Verbinder besser für eine ebene Aufspannplatte sorgen. Das Endergebnis sehen Sie in Abb. 95, aber noch ohne die Verbinder.

Stellen Sie jetzt das Spiel aller vier Führungsböcke so ein, dass sie leicht, aber ohne Spiel und ohne zu ruckeln auf den Führungswellen gleiten. Legen Sie die Grundplatte des Portals auf die Böcke und schrauben Sie die Seite an den Böcken fest, die über dem Längsträger mit den Passhülsen (dem „Festlager") liegt. Die andere Seite verschrauben Sie nur lose. Nehmen Sie dazu acht Schrauben à M6 × 20. Richten Sie die Grundplatte möglichst rechtwinklig gegen die Führungswellen aus.

Schieben Sie dann die Grundplatte bis an ein Ende der Aufspannplatte. Messen Sie

Abb. 96: Messen des Abstands der Führungswellen an den Enden und in der Mitte

dort den Abstand zwischen der Grundplatte und der Außenkante des losen Führungsbocks, der am Querträger anliegt. Anschließend führen Sie die gleiche Messung in der Mitte der Führungswelle durch, so wie in Abb. 96 gezeigt. Führen Sie die gleiche Messung mit dem anderen losen Führungsbock am anderen Ende der Welle durch. Ermitteln Sie für jede Messung die Differenz zwischen dem Abstand in der Mitte und dem am Ende. Addieren Sie die Differenzen und teilen Sie das Ergebnis durch zwei. Das ist das Maß, um das Sie die Mitte der Führungswelle verschieben müssen, damit sie zur Führungswelle des „Festlagers", soweit wie möglich, parallel verläuft.

Ist der gemessene Abstand in der Mitte kleiner als an den Enden, dann hat die Welle einen „Bauch" nach außen. Das wäre der Normalfall, weil Sie die Wellen so eingebaut haben, dass die hohen Seiten nach außen zeigen. In diesem Fall lösen Sie die mittleren Befestigungsschrauben des Längsträgers, drücken die Welle nach innen und ziehen die Schrauben wieder fest.

◄ Abb. 97: Auseinanderdrücken der Führungen, wenn die Führungswelle nach innen gebogen ist

Anschließend führen Sie die Messungen, wie oben beschrieben, wieder aus. Wahrscheinlich stimmt es noch nicht und Sie müssen die Prozedur mehrfach wiederholen. Vor dem Messen müssen Sie aber unbedingt die Befestigungsschrauben des Längsträgers anziehen! Sobald die Differenz nur noch wenige Hundertstel beträgt, können Sie aufhören. Ziehen Sie dann die Schrauben der losen Führungsböcke fest. Wenn alles geklappt hat, müsste sich die Grundplatte, ohne zu klemmen, vom einen zum anderen Ende der Aufspannplatte verschieben lassen. Klemmt es noch irgendwo, dann hilft es oft, die Schrauben der Führungsböcke an dieser Stelle leicht zu lösen und wieder festzuziehen.

Bei meiner Maschine war die Führungswelle aus unerfindlichen Gründen (Montagefehler?) nach innen gebogen. Ich musste also die Führungswelle nach außen drücken. Wie ich das gemacht habe, zeigt Abb. 97.

Als Nächstes montieren Sie die Antriebsspindel und den Motor. Dazu schieben Sie die Spindel von der Festlagerseite durch den Querträger und schrauben die Spindelmutter mit dem Mutterngehäuse auf. Befestigen Sie

Abb. 98: Das Mutterngehäuse auf der Spindel der x-Achse

Abb. 99: Das Spindelende der x-Achse auf der Festlagerseite. Das Spindelende ist hier in die Spindel gesteckt, das setzt aber eine Drehmaschine mit entsprechendem Spindeldurchlass voraus

Abb. 100: Das Spindelende der x-Achse mit Kugellager auf der Loslagerseite. Auch dieses Spindelende steckt in der Spindel

das Mutterngehäuse lose mit zwei Schrauben à M5 × 20 an der Grundplatte des Portals. Kleben Sie die Spindelendstücke mit Zweikomponentenkleber auf die Spindel. Kleben Sie das Loslagergehäuse mit Loctite 603 von innen in den Querträger.

Stecken Sie das Kugellager für das Loslager mit etwas Loctite 603 auf das Spindelendstück. Streichen Sie das Loctite dünn auf den Lagersitz, es könnte sonst ins Lager eindringen. Lassen Sie das Loctite zwei bis drei Stunden aushärten. Schieben Sie dann die Spindel mit dem Kugellager in das Loslagergehäuse. Montieren Sie am anderen Ende der Spindel das Festlager, sinngemäß so, wie beim Festlager der z-Achse beschrieben.

Nachdem Sie das Festlager mit dem Querträger verschraubt und das Lagerspiel eingestellt haben, entfernen Sie die Befestigungsschrauben des Mutterngehäuses. Sie müssen nämlich jetzt prüfen, ob der Abstand zwischen der Spindel und der Auflagefläche des Mutterngehäuses stimmt. Dazu drehen Sie die Spindel, bis das Mutterngehäuse am Loslager anschlägt. Schieben Sie dann die Portalgrundplatte gegen das Mutterngehäuse, das Sie so gedreht haben, dass die Auflagefläche nach oben zeigt. An der Kante der Grundplatte können Sie nun sehen, ob alles stimmt. Wenn nicht, müssen Sie entweder am Mutterngehäuse etwas abfräsen, wozu Sie die Gehäusedeckel abnehmen und das Gehäuse von der Mutter abziehen (leider müssen Sie dazu auch das Festlager vom Querträger abschrauben). Andernfalls müssen Sie das Mutterngehäuse mit Shims unterlegen, um es auf die richtige Höhe zu bringen. Wenn alles in Ordnung ist, schrauben Sie das Mutterngehäuse fest an die Portalgrundplatte und ziehen die Schraube für die Lagerbefestigung im Loslager an.

Stellen Sie sich jetzt eine Vorrichtung zum Zentrieren von Motorwelle und Spindel her. Diese besteht aus einem Stück 16-mm-Rundstahl, so lang wie eine komplette Kupplung, das auf der einen Seite eine Bohrung von 8 mm und auf der anderen Seite eine Bohrung von 6,35 mm hat. Jede Bohrung geht bis zur Mitte. Damit diese Bohrungen zentrisch zueinander laufen, sollten sie möglichst in einer Aufspannung hergestellt werden. Wenn das nicht geht, bohren Sie mit 6 mm ganz durch, drehen auf 6,35 mm auf, wenden das Teil im Futter, bohren mit einem Spiralbohrer

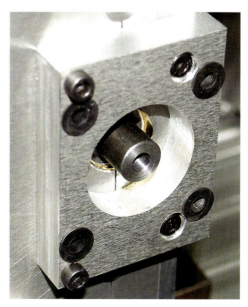

Abb. 101: Die Zentriervorrichtung für den Motor, hier an der y-Achse

auf 7,8 mm Durchmesser und reiben auf 8 mm auf. Die Vorrichtung stecken Sie auf das Spindelende.

Befestigen Sie den Motor mit vier Blindmuttern und vier Schrauben à M5 × 20 an der Motorhalterung. Vorher müssen Sie die Befestigungsbohrungen des Motors auf 5 mm aufbohren. Stecken Sie dann die Motorwelle in die Vorrichtung und schrauben Sie die Motorhalterung am Querträger mit vier Schrauben à M5 × 25 fest. Nehmen Sie dann den Motor wieder ab, lassen Sie aber den Motorhalter am Querträger befestigt bleiben.

Lösen Sie jetzt das Festlager vom Querträger, ziehen Sie die Spindel ein Stück aus dem Loslager heraus und montieren Sie die eine Hälfte der Kupplung, so wie in Abb. 43 gezeigt. Die andere Hälfte der Kupplung stecken Sie zusammen mit dem Zwischenteil möglichst weit vorn auf die Motorwelle, wobei Sie die Klemmschraube aber nur so weit anziehen, dass sich die Kupplung gerade noch auf der Motorwelle verschieben lässt (Abb. 42). Montieren Sie dann den Motor in der Weise, dass die Kupplungsteile ein Eingreifen der Kupplung ermöglichen. Nehmen Sie dann den Motor wieder ab, ziehen Sie die Klemmschraube der Kupplung fest und montieren Sie den Motor wieder.

Wenn Sie zusätzlich zum Handrad den Schwingungsdämpfer montieren wollen, dann drehen Sie die Nabe des Schwingungsdämpfers ab und bohren die Stahlscheibe auf 16,1 mm auf. Kleben Sie die Scheibe mit Sekundenkleber von innen auf das Handrad. Legen Sie dann die Teflonscheibe auf und auf diese den Magneten. Befestigen Sie das Handrad mit einer Madenschraube auf dem hinteren Wellenende des Motors. Wenn Sie jetzt am Handrad drehen, sollte sich die Spindel leicht drehen lassen.

Lösen Sie die Schrauben des Festlagergehäuses leicht und fahren Sie die Portalgrundplatte bis zum Anschlag an der Festlagerseite. Dazu benutze ich einen Akkuschrauber mit einem 10-mm-Steckschlüssel. Die Schritt-

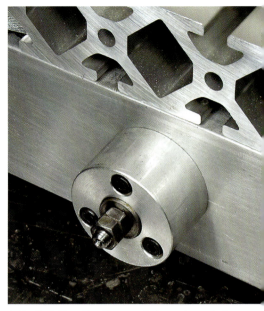

Abb. 102: Das Festlagergehäuse der x-Achse am Querträger

Abb. 103: Teile des Schwingungsdämpfers und das Handrad. Rechts oben die aufgebohrte Stahlscheibe, rechts darunter das Originalteil. Links oben der Magnet, rechts darunter die Teflonscheibe, unten das Handrad

Abb. 104: Handrad, Stahlscheibe und Teflonscheibe, montiert

Abb. 105: Handrad mit Schwingungsdämpfer, an den Motor montiert

Abb. 106: Montierte Basis mit Antriebsspindel auf der Motorseite. In diesen Prototyp ist noch eine Spindel mit 12 mm Durchmesser eingebaut, die sich aber wegen ihres Schwingungsverhaltens nicht bewährt hat

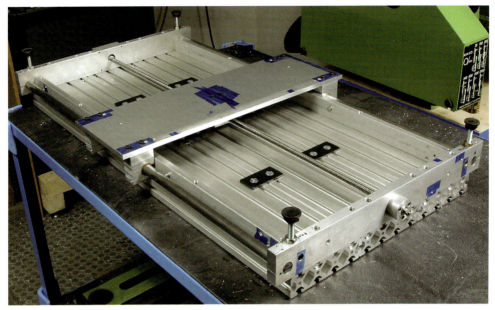

Abb. 107: Montierte Basis auf der Festlagerseite, hier noch ohne Loslager. Auch diese Ausführung hat sich leider als Fehlkonstruktion erwiesen

motoren dürfen dabei auf keinen Fall mit der Steuerung verbunden sein! Ziehen Sie dann die Befestigungsschrauben des Festlagers an. Damit haben Sie das Festlager im Verhältnis zur Spindelmutter zentriert. Fahren Sie nun von Hand die Portalgrundplatte einmal über den ganzen Weg der x-Achse. Um sich die Arbeit zu erleichtern, können Sie sich ein Loch in das Handrad bohren und ein kurzes Stück Rundstahl als Kurbel verwenden. Durch das Verfahren von Hand fühlen Sie, ob es irgendwo schwergängige Stellen gibt, wo nachgearbeitet oder justiert werden muss.

Anschließend können Sie die x-Achse unter Strom laufen lassen, müssen aber vorher die Software einrichten und konfigurieren.

12.11. Montage und Justierung des Portals

Zur Montage des Portals müssen Sie die Basis herumdrehen, weil Sie ja bisher mit der Aufspannplatte nach unten montiert wurde. Dazu ist es zunächst erforderlich, dass Sie die Maschinenfüße in die Querträger schrauben. Zum Umdrehen sollten Sie Hilfe haben, die Basis dürfte jetzt an die 40 kg wiegen!

Montieren Sie die Portalseitenteile mit acht Schrauben à M6 × 20. Prüfen Sie dann mit einem möglichst großen und genauen Schlosserwinkel, ob die Portalseiten im rechten Winkel zur Aufspannplatte stehen. Wenn nicht, dann haben Sie die Führungsböcke nicht wirklich winklig gefräst und müssen sie nacharbeiten.

Befestigen Sie das Querjoch provisorisch an einem Portalseitenteil mit vier Schrauben à M5 × 35. Achten Sie darauf, dass die Schmalseite des Querjochs außen bündig mit dem Seitenteil abschließt und dass das Querjoch nicht auf der anderen Seite herunterhängt. Ansonsten klemmen Sie es mit einer kleinen Parallelzwinge an das andere Seitenteil. Fahren Sie dann mit einer Reißnadel an der Innenkante des Seitenteils entlang und markieren Sie dessen Position auf dem Querjoch. Auch hier empfiehlt es sich, mit Anreißfarbe

◄ Abb. 108: Befestigung eines Portalseitenteils an den Führungsböcken der x-Achse. Die Abdeckung der Führungen ist schon montiert

◄ Abb. 109: Prüfen, ob die Portalseiten rechtwinklig zur Aufspannplatte stehen. Der Aufbau ist auf dem Bild schon etwas weiter fortgeschritten. Es wäre besser, den Winkel mit dem langen Schenkel auf die Aufspannplatte zu legen, um kleinere Unebenheiten auszugleichen

zu arbeiten, um später beim Fräsen die Linie klar zu sehen.

Montieren Sie das Querjoch ab und spannen Sie es in die Fräsmaschine. Fräsen Sie bis zur angerissenen Linie einen 2 mm tiefen Absatz. Ist der Absatz breiter als 15 mm geworden, fräsen Sie das Querjoch entsprechend kürzer, ist er schmaler, lassen Sie ihn, wie er ist. Fräsen Sie dann den Absatz auf der anderen Seite genau 15 mm breit und 2 mm tief. Die Tiefe von 2 mm ist nicht kritisch, das Maß muss aber auf beiden Seiten absolut gleich sein. Stellen Sie dann die noch fehlenden vier Befestigungsbohrungen mit 5,3 mm her.

Nehmen Sie die Grundplatte der z-Achse mit den Führungsböcken der y-Achse. Schieben Sie eine Führungswelle durch einen Führungsbock und stellen Sie ihn so ein, dass er spielfrei auf der Welle gleitet. Das wiederholen Sie mit den restlichen drei Führungsböcken. Lösen Sie die Befestigungsschrauben der Führungsböcke etwas und schieben Sie die Führungswellen durch die Führungsböcke in die Portalseitenteile. Achten Sie dabei darauf, dass die Pfeilmarkierungen beider Wellen im rechten Winkel vom Querjoch wegzeigen. Der Abstand der Führungswellen vom Querjoch ist damit in der Mitte größer als an den Enden.

Befestigen Sie das Querjoch mit acht Schrauben à M5 × 35 an den Seitenteilen. Beide Seitenteile sollten jetzt genau im rechten Winkel zur Aufspannplatte stehen.

Schieben Sie die Grundplatte der z-Achse an eine Seite des Portals und ziehen Sie jene Befestigungsschrauben der Führungsböcke fest, die dem Portalseitenteil am nächsten liegen. Zu diesem Zweck gibt es die Bohrungen im Querjoch. Das Gleiche tun Sie an der anderen Portalseite. Die Grundplatte der z-Achse sollte sich jetzt ziemlich leicht auf ihren Führungen verschieben lassen.

Entfernen Sie die Schrauben, die die Portalseitenteile mit den Führungsböcken der x-Achse verbinden und nehmen Sie das Portal im Ganzen ab. Messen Sie mit einem geschliffenen Metallstück und mit Fühlerlehren den Abstand zwischen den Enden der Führungswellen und dem Querjoch. Notieren Sie die Maße, sie geben die Längen der Abstandshülsen an, die Sie später anfertigen werden.

Schieben Sie die Grundplatte der z-Achse in die Mitte des Portals und stellen Sie dann, so wie bei der x-Achse beschrieben, die Bohrungen für die Befestigungsbolzen her, allerdings mit einem Durchmesser von 5 mm (siehe Abb. 93).

Nehmen Sie das Portal wieder auseinander, nachdem Sie die Position aller Teile markiert haben. Kleben Sie die Befestigungsbolzen mit Loctite 480 so in die Führungswellen, dass die Gewinde entgegen der Pfeilmarkierung, also an der niedrigsten Seite, aus der Welle herausragen. Auf der anderen Seite der Welle dürfen die Bolzen natürlich nicht herausschauen.

Lassen Sie das Loctite zwei bis drei Stunden abbinden. Zwischenzeitlich fertigen Sie die vier Abstandshülsen mit einem Außendurchmesser von 6 mm und einem Innendurchmesser von 5,1 mm an. Die Längenmaße sind die, die Sie sich vorher notiert haben.

Montieren Sie anschließend das Portal wieder. Vergessen Sie nicht, die Grundplatte der z-Achse mit den Führungen aufzusetzen. Auf jeden Befestigungsbolzen schieben Sie vorher die zugehörige Abstandshülse. Mit M5-Muttern schrauben Sie die Bolzen an das Querjoch. Ziehen Sie die Muttern nur soweit an, bis sich die Abstandshülsen nicht mehr drehen lassen. Es besteht sonst die Gefahr, dass sich die Bolzen in den Führungswellen lösen. Achten Sie bei der Montage darauf, dass das Portal, wenn es bis an das Ende der Aufspannplatte gefahren ist, an beiden Portalseitenteilen den gleichen Abstand zum Querträger hat. Damit sollte dann das Portal rechtwinklig zu den Führungen und zu den Nuten der Aufspannplatte stehen. Später werden Sie das noch genau kontrollieren.

▲ **Abb. 110: Abstützung der Führungswellen der y-Achse am Querjoch des Portals**

Stellen Sie nun die Grundplatte der z-Achse senkrecht, indem Sie zunächst die Schrauben der Führungsböcke lösen und dann mit einer Klemme und einer parallelen Zwischenlage die Grundplatte so an ein Portalseitenteil drücken, dass Sie die Befestigungsschrauben der Führungsböcke durch die Bohrungen des Querjochs hindurch festziehen können.

◀ Abb. 111: Grundplatte der z-Achse senkrecht justieren. Beachten Sie die Parallel-Zwischenlage!

▼ Abb. 112: Die Bohrungen im Querjoch des Portals, durch die die Befestigungsschrauben der Führungsböcke erreicht werden, und die Madenschrauben, mit denen das Spiel der Y-Führungen eingestellt wird. Unten sehen Sie die vier Schrauben, die das Querjoch am Portalseitenteil festhalten und gleichzeitig die Führungswellen im Seitenteil klemmen. Oben die Mutter eines Befestigungsbolzens der Führungswellen

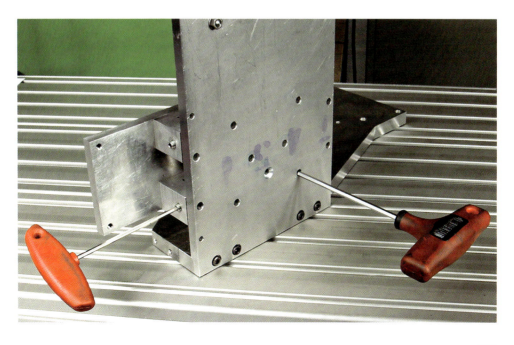

▲ Abb. 113: Das Loslager der y-Achse

▲ Abb. 114: z-Achse ohne Werkzeugträger, schon an das Portal montiert

◄ Abb. 115: Die komplett an das Portal montierte z-Achse

Abb. 116: Antrieb der z-Achse

Der nächste Arbeitsschritt ist die Montage der Antriebsspindel mit Spindelmutter, Festlager, Loslager, Kupplung und Motor. Verfahren Sie so, wie bei der x-Achse beschrieben. Anschließend montieren Sie die z-Achse wieder an die Grundplatte.

Befestigen Sie die Abdeckungen für die Führungen der x-Achse (Basis.13) mit sechs Schrauben à M6 × 12 und Nutensteinen. Befestigen Sie die Halter für die Ablage der Energiekette der x-Achse (Basis12) mit vier Schrauben à M4 × 10. Darauf befestigen Sie die Ablage mit zwei Schrauben à M4 × 10. Schließlich befestigen Sie den Halter für den Anschlusskasten (Portal.14) mit zwei Schrauben à M4 × 20 am Seitenteil des Portals.

Damit ist die Mechanik der Maschine bis auf die Frässpindel fertig gestellt.

12.12. Elektrik und Verkabelung

12.12.1. Grundsätzliches

Bei der Elektrik und der Verkabelung der Maschine stehen Sie vor der Entscheidung, entweder einen sehr geringen Aufwand zu treiben, dann schließen Sie einfach die Schrittmotoren an die Steuerung an und hängen die Kabel für die y- und die z-Achse so über der Maschine auf, dass sie einerseits nicht mit beweglichen Teilen oder dem Werkstück in Konflikt kommen können, andererseits aber alle Bewegungen des Portals und der z-Achse mitmachen. Auf Endschalter verzichten Sie einfach und nehmen in Kauf, dass die Achsen schon einmal hart vor die Anschläge fahren. Automatisches Referenzfahren ist so natürlich auch nicht möglich. Auf was Sie auf keinen

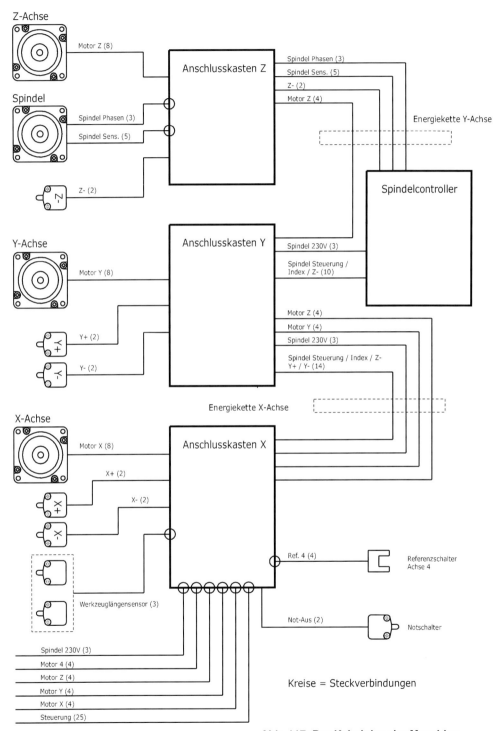

Abb. 117: Der Kabelplan der Maschine

Fall verzichten sollten, das ist der Notschalter, der die Maschine sofort stillsetzt – einerseits aus Gründen der Sicherheit, andererseits um der Vernichtung von Werkstücken und Fräsern sofort Einhalt zu gebieten. Glauben Sie nicht, dass Sie im Notfall rechtzeitig den richtigen Knopf auf der Tastatur des Computers finden oder irgendeinen Knopf auf dem Bildschirm mit der Maus anklicken können – nach meiner Erfahrung schafft man das in der Aufregung nicht.

Die Alternative zur „fliegenden" Verkabelung ist der sorgfältige und professionelle Aufbau der Elektrik mit Führung der Kabel in Energieketten, der leider recht aufwendig und auch nicht ganz billig ist. Ich werde in der Folge die Verkabelung meiner Maschine nach der zweiten Methode beschreiben, auch mit der Steuerung für den bürstenlosen Gleichstrommotor zum Antrieb der hochtourigen Frässpindel – ob Sie mir dabei folgen wollen, bleibt natürlich Ihnen überlassen. Ich hoffe aber, Ihnen damit so viele Anregungen zu geben, dass Sie die individuelle Verkabelung Ihrer eigenen Maschine erfolgreich durchführen können.

In Abb. 117 ist der Kabelplan der Maschine dargestellt. Der zentrale Punkt der Elektrik, die Maschinenschnittstelle, sitzt im Anschlusskasten X. Sie besteht aus einer gedruckten Schaltung, die einerseits einen DB-25-Stecker zum Anschluss an die Steuerung und andererseits eine Reihe von Anschlussklemmen zur Verbindung mit den Endschaltern, dem Notschalter, dem Werkzeuglängensensor, dem Spindelindex und der Steuerung für den Spindelantrieb besitzt. Der Aufbau, die Funktion und der Bau der Maschinenschnittstelle ist in meinem Buch „Fräsen im Modellbau – Grundlagen und Elektronik", das ebenfalls im vth-Verlag erschien, ausführlich beschrieben, deshalb möchte ich hier auf eine Wiederholung verzichten. Allerdings wird auf die dort in Kapitel 3.6.6. beschriebene Simulation der Endschalter durch drei Dioden bei der im vorliegenden Buch beschriebenen Schaltung verzichtet. Es hat sich beim Bau der Portalmaschine herausgestellt, dass der Aufwand nicht nötig ist. Außerdem werden nicht, wie in dem oben genannten Buch vorgeschlagen, Lichtschranken als Referenzschalter verwendet, sondern einfache Schnappschalter, wobei die Referenzschalter gleichzeitig als Endschalter Verwendung finden. Ausgenommen ist der Referenzschalter für die vierte Achse, weil diese fast immer ein Rundtisch oder ein angetriebener Teilapparat sein wird. Da die Achse durchaus mehrere Umdrehungen machen kann, zum Beispiel beim Fräsen einer Spirale, ist ein mechanischer Referenzschalter schwer zu konstruieren, hier tut man sich mit einer Lichtschranke leichter.

Neben dem Kabelplan und dem Schaltplan der Maschinenschnittstelle finden sie in Abb. 119 den Schaltplan der Maschine. Darin sind alle an der Maschine angebrachten Schrittmotoren, die Schalter und die Steuerung der Frässpindel mit ihren Anschlüssen aufgeführt. Die jeweils vier Anschlüsse der Schrittmotoren werden, teils durch Energieketten, in den Anschlusskasten X geführt und dort mit vierpoligen Steckern verbunden. An diese Stecker werden dann die Kabel der Steuerung angeschlossen. Alle Schalter und die Steuersignale für den Spindelmotor werden über ein abgeschirmtes, 16-adriges Kabel zur Maschinenschnittstelle geführt.

Die Problematik der Verkabelung der Maschine erkennen Sie, wenn Sie den Kabelplan aufmerksam betrachten. Sie sehen dort, dass an den Anschlusskasten Z der Schrittmotor für den Achsantrieb, der Spindelmotor und der Endschalter für die z-Achse angeschlossen sind. Da es keine Relativbewegung zwischen Schrittmotor, Endschalter und Anschlusskasten gibt, ist das kein Problem. Die Kabel für den Spindelmotor müssen natürlich so lang sein, das die z-Achse über den gesamten Weg verfahren kann, ohne dass die Kabel abreißen. Andererseits dürfen sich die Kabel aber auch nicht verheddern. Bei dem relativ

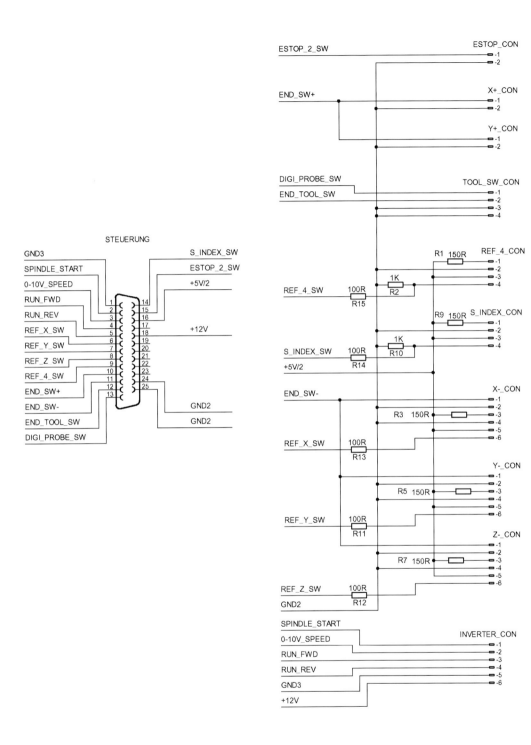

Abb. 118: Der Schaltplan der Maschinenschnittstelle

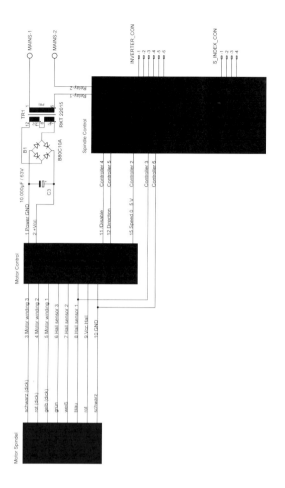
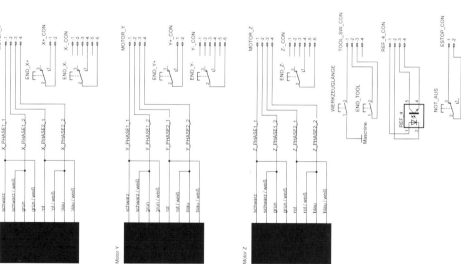

Abb. 119: Der Schaltplan der Maschine

◀ Abb. 120: Die Energiekette

▼ Abb. 121: Verbindung von Schrittmotor und Endschalter mit dem Anschlusskasten Z. Beachten Sie, dass der gezeigte Anschlusskasten nicht dem in der Stückliste entspricht. Er war gerade vorhanden, ist aber eigentlich zu klein

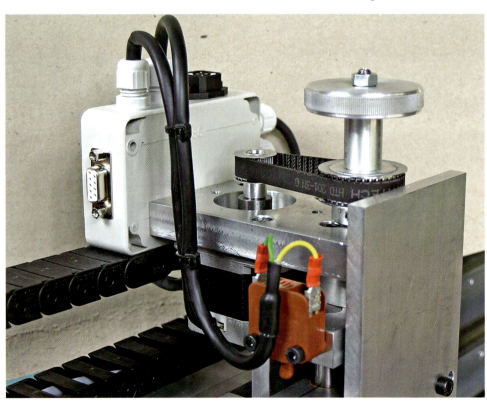

kleinen Verfahrweg der z-Achse ist das aber kein wirkliches Problem.

Anders sieht die Situation aus, wenn die z-Achse in y-Richtung verfahren wird. Hier ist der Weg ca. 450 mm lang und deshalb müssen die Kabel, die vom Anschlusskasten Y zum Anschlusskasten Z führen, durch eine Energiekette laufen. Dies ist im Kabelplan durch ein gestricheltes Kästchen mit der Beschriftung „Energiekette y-Achse" angedeutet. Die Kabelverbindung zwischen Anschlusskasten Z und dem Spindelcontroller verläuft ebenfalls durch die Energiekette, weil der Spindelcontroller fest mit dem Portal verbunden ist. Vom Spindelcontroller zum Anschlusskasten Y läuft nur noch ein 10-adriges Kabel, dabei sind acht Adern von der Spindelsteuerung und zwei Adern vom Endschalter der z-Achse belegt. Das ist auch der Grund, warum der Anschluss des Endschalters zunächst mit in den Spindelcontroller läuft, andernfalls müsste dafür noch ein gesondertes Kabel zum Einsatz kommen. Zusätzlich führt ein Kabel mit Netzspannung von 230 V zum Spindelcontroller und versorgt dort das Netzteil, das die Betriebsspannung für den Spindelmotor zur Verfügung stellt. Wenn Sie Ihre Maschine ohne den von mir vorgeschlagenen Frässpindelantrieb bauen, sollten Sie das Netzkabel bis in den Anschlusskasten Z weiterführen und dort mit einer Kaltgeräte-Steckdose verbinden. Damit haben Sie dann einen vernünftigen Anschluss, zum Beispiel für den Motor einer Oberfräse oder ein Proxxon-Gerät, das für Netzspannung ausgelegt ist.

Die Verbindung zwischen Anschlusskasten Y und Anschlusskasten X besteht aus vier Kabeln, die wiederum durch eine Energiekette geführt werden. Dies sind die beiden Kabel für die Schrittmotoren von y- und z-Achse, das Netzkabel und das 16-adrige Kabel für die Steuersignale und die Schalter. Direkt an den Anschlusskasten X sind dann noch der Schrittmotor und die Endschalter der x-Achse, der Werkzeuglängensensor, der Referenzschalter der vierten Achse und der Notschalter angeschlossen. Die Verbindung vom Anschlusskasten X zur Außenwelt wird schließlich über die Kabel für die vier Schrittmotoren, das Netzkabel und das DB-25-Kabel hergestellt.

Um keinen „Drahtverhau" entstehen zu lassen und eine Zugentlastung sicherzustellen, werden die Kabel in die genannten Anschlusskästen geführt. Dabei reicht es bei einigen Verbindungen, das Kabel nur in den Anschlusskasten hinein- und wieder herauszuführen, weil im Kasten keine elektrische Verbindung hergestellt werden muss.

12.12.2. Praktische Ausführung

12.12.2.1. Anschlusskästen

Die Anschlusskästen von y- und z-Achse sind aus Kunststoff, der Anschlusskasten der x-Achse besteht aus Aluminiumguss. Stellen Sie alle Durchbrüche und Bohrungen in den Kästen her. Ich habe dafür eine CNC-Maschine benutzt, aber auch konventionell sollte es nicht zu schwierig sein. Die Bohrungen für die Kabeldurchführungen stellen Sie am einfachsten mit einem Stufenbohrer her, für Kunststoff eignet sich auch ein Forstnerbohrer für Holz sehr gut. Achten Sie beim Fräsen von Kunststoff auf niedrige Drehzahlen (unter 1.000 U/min). Weil es ein thermoplastischer Kunststoff ist, schmilzt er sonst und setzt sich am Fräser fest. Auch etwas Kühlung, zum Beispiel mit Spiritus, schadet nichts. Das Gehäuse für den Spindelcontroller bereiten Sie auf die gleiche Weise vor.

12.12.2.2. z-Achse und Energiekette der y-Achse

Beginnen Sie die Verkabelung mit der z-Achse. Zunächst kleben oder schrauben Sie die Kabeldurchführungen in den Anschlusskasten. Ich gehe dabei so vor, das ich die Durchführung in die Bohrung stecke und etwas dünnflüssigen Sekundenkleber von innen an das Gewinde gebe. Der Sekundenkleber verteilt sich von selbst zwischen Gewinde und

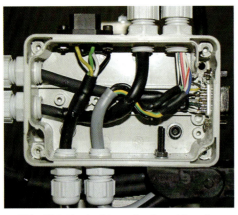

▲ Abb. 122: Verdrahtung im Anschlusskasten Z

Bohrung. Sofort danach sprühe ich die Stelle mit Aktivator für Sekundenkleber ein. Die Verklebung ist dadurch fast sofort fest.

Montieren Sie den Anschlusskasten der z-Achse an den Motorhalter. Schieben Sie ein ausreichend langes Stück Schrumpfschlauch über die Anschlussdrähte des Schrittmotors und schrumpfen Sie es mit einem Heißluftgebläse auf. Während der Schrumpfschlauch noch warm und biegsam ist, bringen Sie das so geschaffene Kabel ungefähr in Form. Danach führen sie es durch eine der beiden Kabelverschraubungen unter den Steckerausschnitten in das Gehäuse. An ein mindestens 1 m langes Stück Kabel schließen Sie den Endschalter an und führen das Kabel ebenfalls ins Gehäuse, schneiden es aber nicht ab. Ich verwende dafür ein Stück Lapp Ölflex, von dem ich nur zwei Adern benutze. Am Endschalter können Sie die Anschlüsse verlöten oder Kabelschuhe aufquetschen, wenn Sie eine entsprechende Ausrüstung haben.

Montieren Sie dann die Energiekette der y-Achse, aber befestigen Sie sie zunächst nur am Anschlusskasten Z. Ziehen Sie ein mindestens 2 m langes Stück Lapp Ölflex durch die Energiekette und führen Sie das Ende durch eine der vier Öffnungen auf der den Steckern entgegengesetzten Seite in den Anschlusskasten Z. Dann entfernen Sie ein Stück des Kabelmantels, isolieren die vier Adern ab und verbinden damit die Anschlussdrähte

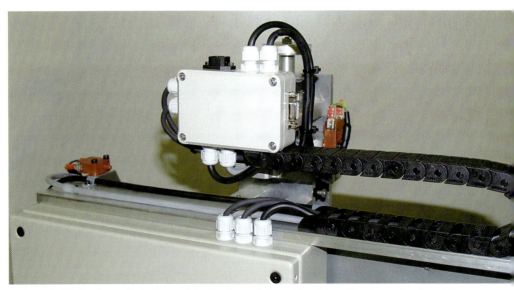

Abb. 123: Die fertig verlegte Energiekette der y-Achse. Beachten Sie, dass der Anschlusskasten nicht dem entspricht, der in der Stückliste und der Zeichnung angegeben ist. Er war gerade zur Hand, ist aber eigentlich zu klein.

des Schrittmotors nach dem im Schaltplan der Maschine gezeigten Schema. Die Adern des Lapp-Kabels sind von 1–3 nummeriert, den Schutzleiter (grün-gelb) verwende ich als vierte Ader. Bevor Sie die Motordrähte mit den Adern des Kabels verlöten, schieben Sie ein Stück Schrumpfschlauch auf, mit dem sie danach die Verbindungsstelle isolieren.

Der Anschluss des Spindelmotors muss, um der EMV-Richtlinie zu entsprechen, mit einem abgeschirmten Kabel vorgenommen werden. EMV bedeutet „Elektromagnetische Verträglichkeit" und behandelt die technischen und rechtlichen Grundlagen der wechselseitigen Beeinflussung elektrischer Geräte durch die von ihnen hervorgerufenen elektromagnetischen Felder. Das heißt im vorliegenden Fall stark vereinfacht, dass die Maschine, die Sie bauen, nicht die elektronischen Geräte in der Umgebung (Radio, Fernsehen, Computer, Mobiltelefone etc.) stören darf. Weil der Motor durch Rechteckimpulse angetrieben wird, die einen hohen Oberwellenanteil haben, kann es bei freier Ausbreitung dieser Oberwellen zu Funkstörungen in der Umgebung kommen. Deshalb das abgeschirmte Kabel.

Ziehen Sie das in der Stückliste aufgeführte Mikrofonkabel durch die Energiekette und führen Sie es in den Anschlusskasten. Dort verlöten Sie es mit dem vierpoligen Motorstecker. Für die Verbindung zwischen der 9-poligen Buchse und dem Spindelcontroller nehmen Sie ein Stück des 16-adrigen Kabels, von dem Sie nur fünf Adern verwenden. Auch dieses Kabel ziehen Sie durch die Energiekette.

Legen Sie nun die Kabel in der Energiekette ordentlich nebeneinander und schrauben Sie das freie Ende der Energiekette am Portal fest. Führen Sie dann das Motorkabel in den Anschlusskasten Y und die restlichen drei Kabel in den Spindelcontroller. Befestigen Sie das Motorkabel auf dem Portal mit Kabelclips.

12.12.2.3. y-Achse und Energiekette der x-Achse

Montieren Sie den mit Kabeldurchführungen bestückten Anschlusskasten der y-Achse so auf die Konsole an der Seitenwand des Portals, dass die beiden Öffnungen nach oben und die acht Öffnungen nach rechts zeigen. Anschließend befestigen Sie ein Ende der Energiekette an der Unterseite der Konsole.

Nun schließen Sie den Schrittmotor so an, wie bei der z-Achse beschrieben. Die Anschlussdrähte des Motors ziehen Sie dabei, nachdem Sie sie eingeschrumpft haben, durch die obere, hintere Kabeldurchführung an der Seite des Anschlusskastens. Das Lapp-Kabel des Motors sollte mindestens 1,5 m lang sein.

Ziehen Sie das Motorkabel der z-Achse von oben in den Anschlusskasten, aber schneiden Sie es nicht ab. Dann verbinden Sie den Endschalter am entgegengesetzten Ende der y-Achse mit einem Stück Lapp-Kabel und führen das Kabel durch die obere vordere Kabeldurchführung an der Seite des Anschlusskastens. Schneiden Sie das Kabel so ab, das noch ca. 15 cm im Anschlusskasten verbleiben. Befestigen Sie das Kabel mit Kabelclips auf der Oberseite des Portals.

Schließen Sie den zweiten Endschalter der y-Achse an und führen Sie das Kabel von oben in den Anschlusskasten. Auch dieses Kabel schneiden Sie auf 15 cm Länge ab.

Legen Sie ein mindestens 1,5 m langes Netzkabel und ein 16-adriges Kabel vom Spindelcontroller in den Anschlusskasten. Verwenden Sie dabei die restlichen der vier oberen Durchführungen an der Seitenwand. Das 16-adrige Kabel schneiden Sie auf 15 cm ab. Das Netzkabel schneiden Sie nicht ab.

Führen Sie nun die beiden Motorkabel und das Netzkabel aus den unteren Durchführungen heraus und durch die Energiekette. Zusätzlich ziehen Sie ein mindestens 1,5 m langes Stück des 16-adrigen Kabels in die Energiekette und durch die verbliebene Durchführung in den Anschlusskasten. Schneiden Sie das Kabel auf 15 cm ab.

Abb. 124: Der Anschlusskasten der y-Achse und das Gehäuse des Spindelcontrollers

Sie müssen nun im Anschlusskasten das vom Spindelcontroller kommende 16-adrige Kabel und die beiden Endschalterkabel mit dem abgehenden 16-adrigen Kabel verbinden. Löten sie folgende Adern zusammen, schieben Sie aber vorher ein Stück Schrumpfschlauch zur Isolierung darüber:
– Gelb
– Grün
– Braun
– Rot
– Schwarz
– Grau
– Blau
– Weiß
– Grün-Weiß
– Gelb-Braun

Den Endschalter, der an der Seite des Anschlusskastens liegt (Y-), verbinden Sie mit den Adern Braun-Grün und Violett, den anderen Endschalter (Y+) mit den Adern Grau-Braun und Rot-Blau. Hat ihr Kabel eine andere Farbcodierung, dann müssen Sie dennoch acht gleiche Adern miteinander verbinden, sich die Farben notieren und die Endschalter an vier Adern anschließen, deren Farben Sie sich ebenfalls notieren.

Nun befestigen Sie das freie Ende der Energiekette an der Schleppkettenführung der x-Achse und verlegen die Kabel bis zum Anschlusskasten der x-Achse.

12.12.2.4. Anschlusskasten der x-Achse

Bereiten Sie den Anschlusskasten der x-Achse vor, indem Sie die Kabeldurchführungen einschrauben oder einkleben. Die Stecker für die Motoren, den Werkzeuglängensensor und den Referenzschalter der vierten Achse bauen Sie noch nicht ein. Befestigen Sie die Platinenhalter mit M3-Senkkopfschrauben und etwas Loctite 243 am Anschlusskasten. Schrauben Sie den Anschlusskasten an das Querjoch.

Führen Sie jetzt die vier Kabel, die von der Energiekette kommen, durch die unteren vier Durchführungen in den Anschlusskasten. Schließen Sie den Endschalter der x-Achse, der am nächsten liegt (X+), an und führen Sie das Kabel in den Anschlusskasten. Montieren Sie am gegenüberliegenden Querjoch das Gehäuse des Notschalters. Bohren Sie ein 7 mm großes Loch so in die Rückwand des Gehäuses, dass es in einen Hohlraum der Aufspannplatte mündet. Ziehen Sie ein 4-adriges Kabel durch die Aufspannplatte und führen Sie das Ende in den Anschlusskasten X. Am anderen Ende schließen Sie die Öffnerkontakte des Notschalters und den Endschalter (X-) an das Kabel an und montieren den Notschalter.

Im nächsten Schritt führen Sie die Anschlüsse des Schrittmotors, so wie bei der z-Achse beschrieben, in den Anschlusskasten und schließen sie an ein Stück Lapp-Kabel an. Verbinden Sie nun alle Motorkabel mit den Steckern und schrauben Sie die Stecker an das Gehäuse. Die Stecker haben nummerierte Anschlüsse, die Sie mit den korrespondierenden Adern der Lapp-Kabel verlöten. Die grün-gelbe Ader entspricht wieder der Ader Nummer vier.

Setzen Sie dann die Platine der Maschinenschnittstelle auf die Platinenhalter und in das Gehäuse und verschrauben Sie die DB-25-Buchse an der Gehäuseseitenwand. Vorher sollten Sie die Sechskante der Schrauben um ca. 1 mm kürzen, sonst bekommt der Stecker möglicherweise keinen sicheren Kontakt. Befestigen Sie dann die Platine mit zwei M3-Muttern und mit Scheiben.

Schließen Sie nun die 14 belegten Adern des 16-adrigen Kabels an die entsprechenden Klemmen der Maschinenschnittstelle an. Das Einführen der Adern in die Klemmen ist leichter, wenn Sie die Adern verdrillen und verzinnen. Schließen Sie die Adern nach folgendem Schema an:

Klemme	Anschluss	Farbe
S-INDEX	2	Gelb
S-INDEX	3	Grün
S-INDEX	4	Braun
INVERTER	1	Rot
INVERTER	2	Schwarz
INVERTER	3	Grau
INVERTER	5	Blau
INVERTER	6	Weiß
Y+	1	Grau-Braun
Y+	2	Rot-Blau
Y-	6	Braun-Grün
Y-	2	Violett
Z-	6	Grün-Weiß
Z-	2	Gelb-Braun

Löten Sie an die 4-poligen Stecker für den Werkzeuglängensensor und den Referenzschalter der vierten Achse jeweils vier Adern an und verbinden Sie sie mit den Klemmen TOOL_SW_CON und REF_4_CON auf der Schnittstellen-Platine. Dabei korrespondieren die Anschlussnummern der Stecker mit den Nummern der Klemmen. Schrauben Sie die Stecker auf der Oberseite des Gehäuses fest. Spätestens jetzt sollten Sie die Stecker mit einem wasserfesten Filzstift kennzeichnen, zum Beispiel als X, Y, Z, WL und R4.

Das Netzkabel schließen Sie an den Kaltgeräte-Stecker an und vergessen dabei nicht, den Schutzleiter des Kabels mit dem Schutzleiteranschluss des Kaltgeräte-Steckers und mit dem Anschlusskasten X zu verbinden. Die Abschirmung des 16-adrigen Kabels verbinden Sie ebenfalls mit dem Schutzleiter.

Es bleiben noch der Anschluss der Endschalter und der des Notschalters. Weil Sie hier Kabel verwendet haben, deren Adern zu dick sind, um in die Klemmen zu passen, löten Sie am besten jeweils eine dünne Ader aus dem 16-adrigen Kabel an und isolieren die Lötstelle mit Schrumpfschlauch. Schließen Sie dann die Schalter wie folgt an:

◀ Abb. 125: Einführung der Kabel in den Anschlusskasten X

◀ Abb. 126: Befestigung der Kabel mit Kabelbindern

▼ Abb. 127: Innenansicht des Anschlusskastens X

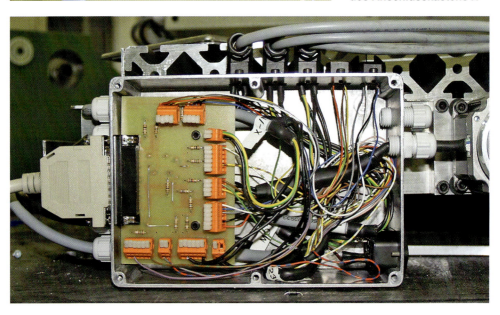

◀ Abb. 128: Motorstecker am Anschlusskasten X

- Klemme ESTOP_CON an den Notschalter,
- Klemme X-_CON, Anschluss 2 und 6 an den Endschalter an der Notschalterseite,
- Klemme X+ CON an den Endschalter an der Anschlusskastenseite.

Im Gehäuse der Spindelsteuerung müssen Sie nun noch das vom Endschalter Z kommende Kabel mit den Adern Grün-Weiß und Gelb-Braun des 16-adrigen Kabels verbinden. Damit ist die Verdrahtung der Maschine fertig gestellt. Was bleibt, ist die Herstellung der Verbindungskabel von der Steuerung zu den Motorsteckern der Maschine. Auch dazu verwenden Sie Lapp-Kabel und die Leitungsdosen aus der Stückliste.

12.13. Konfiguration der Software

12.13.1. Grundsätzliches

Die Grundinstallation der Software habe ich bereits in meinem Buch „CNC-Fräsen im Modellbau – Grundlagen und Elektronik" allgemein beschrieben. Hier möchte ich nur auf die notwendigen Anpassungen für die konkrete Maschine eingehen. Dabei gehe ich davon aus, dass Sie:

- meine Steuerung verwenden, so wie in Band 1 dieser Buchreihe beschrieben,
- die Brücken auf dem Rangierfeld des Verteilers 1:1 gesteckt haben,
- die Software „Mach3" einsetzen,
- Ihr Computer mit Windows XP und zwei Druckerschnittstellen ausgerüstet ist.

In dem genannten Buch sind auch folgende Dialoge beschrieben, die hier nicht behandelt werden, weil es keine Änderungen gibt:

- Einstellung der Druckerport-Adressen (Port Setup and Axis Selection),
- Schritt- und Richtungssignale für die Motoren (Motor Outputs),
- Signale vom Computer zur Steuerung (Output Signals),
- Zuordnung der Cursortasten (System Hotkeys).

Falls Sie Probleme mit der englischen Sprache haben: Es gibt mittlerweile ins Deutsche übersetzte Handbücher von „Mach3" und auch Übersetzungen der Bildschirmanzeigen. Allerdings wurden die Konfigurationsdialoge nicht übersetzt. Bezugsquellen sind: www.einfach-cnc.de, www.cnc-winckler.de und www.cnc-steuerung.com.

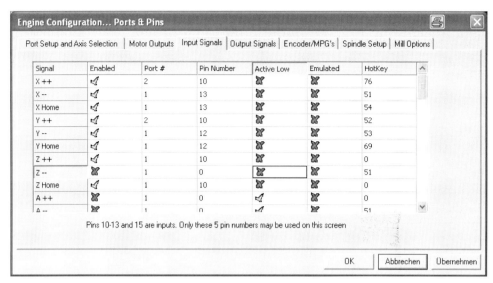

Abb. 129: Der erste Teil des Dialogs zum Einstellen der Signale von der Steuerung zum Computer (Input Signals)

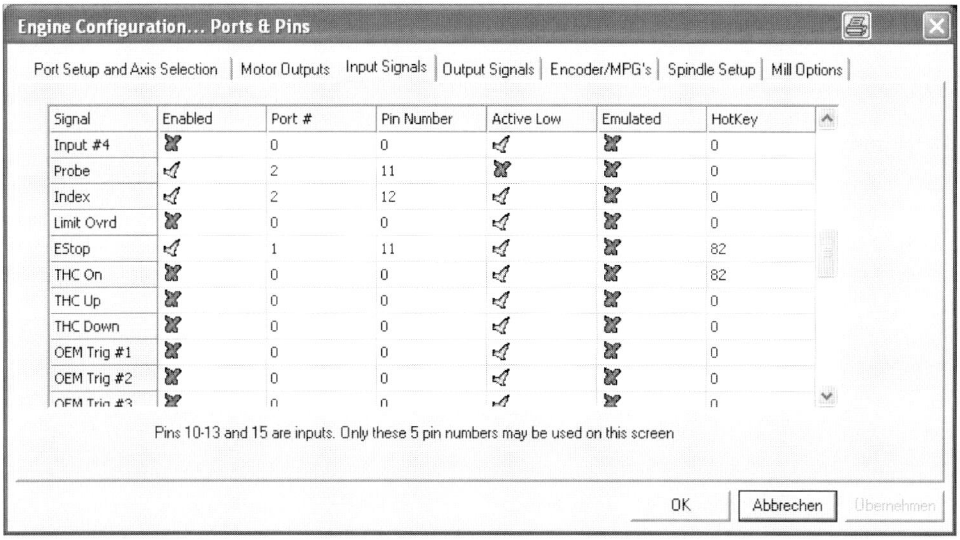

Abb. 130: Der erste Teil des Dialogs zum Einstellen der Signale von der Steuerung zum Computer, nach dem Weiterscrollen

12.13.2. Eingangssignale (Input Signals)

Öffnen Sie als Erstes den Dialog „Config / Ports and Pins" und danach den Unterdialog „Input Signals". Dort legen Sie fest, welche Signale von der Steuerung auf welchen Pins der Schnittstelle ankommen. Zunächst legen Sie die Endschalter „X+" und „Y+" fest. Diese sind miteinander verbunden und erzeugen das Signal „Limit", wenn einer der beiden Schalter betätigt wird. „Limit" liegt auf Pin 10 der Schnittstelle 2, also tragen Sie bei „X++" und „Y++" als Portnummer „2" und als Pinnummer „10" ein. Damit das

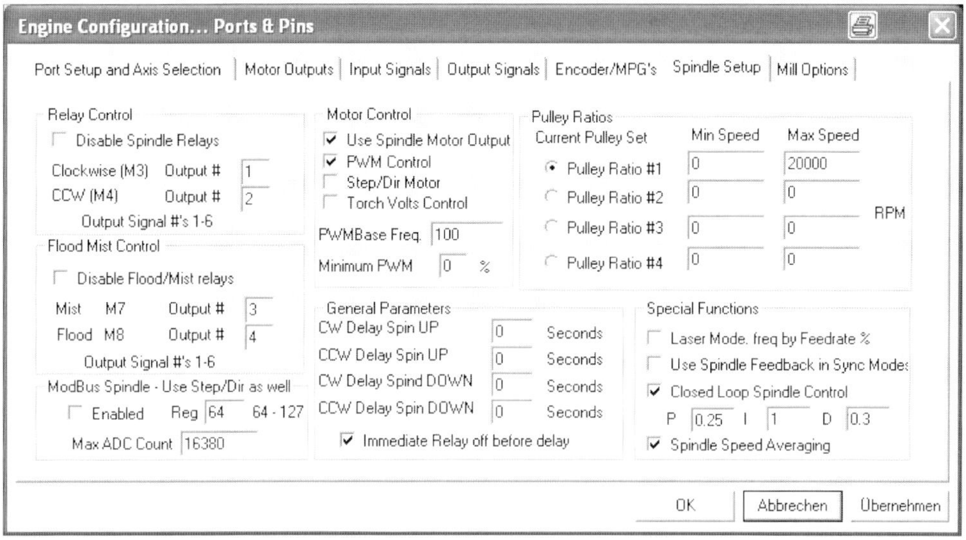

Abb. 131: Der Dialog zum Konfigurieren der Werkzeugspindel (Spindle Setup)

Signal erkannt werden kann, müssen Sie bei „Enable" das grüne Häkchen setzen. Weil das Signal HI wird, wenn ein Endschalter betätigt ist, darf bei „Active low" das grüne Häkchen nicht gesetzt sein, das Signal ist damit „Active high".

Für X--, Y-- und Z-- gibt es keine Endschalter, weil die vorhandenen Schalter als Referenzschalter an die Maschinenschnittstelle angeschlossen sind. Deshalb müssen die Referenzschalter auch als Endschalter konfiguriert werden. Sie tragen also bei X-- und X „Home Port 1 / Pin 13", bei Y-- und Y „Home Port 1 / Pin 12" und bei Z++ und Z „Home Port 1 / Pin 10" ein. Setzen Sie alle Signale auf „Enable" und „Active high".**((Abb. 129))**

Scrollen Sie dann weiter, bis Sie die Signale „Probe", „Index" und „Estop" sehen. „Probe" ist das Signal des Werkzeuglängensensors, das auf Port 2/Pin 11 ankommt. Index ist das Signal der Werkzeugspindel, das je Umdrehung einmal erzeugt wird, es liegt auf Port 2/Pin 12. „Estop" schließlich kommt vom Notschalter auf Port 1/Pin 11 an. Denken Sie daran, die Signale auf „Enable" zu setzen. Das Signal „Probe" ist Active high", die anderen beiden „Active low".**((Abb. 130))**

12.13.3. Konfigurieren der Werkzeugspindel (Spindle Setup)

Öffnen Sie den Unterdialog „Spindle Setup". Abweichend von der im ersten Buch beschriebenen Konfiguration müssen Sie hier unter „Pulley Ratio #1" als „Max Speed" nur die Zahl „20000" eintragen und auf „Übernehmen" klicken. Das gilt natürlich nur, wenn Sie die vorgeschlagene Frässpindel gebaut haben.

12.13.4. Einstellen der Motorparameter (Motor Tuning and Setup)

Öffnen Sie den Dialog „Config / Motor Tuning". Als Erstes wird Ihnen der Dialog zum Einstellen der x-Achse gezeigt. Das Wichtigste ist hier die Einstellung „Steps per Unit", in Ihrem Fall also Schritte je Millimeter. Die Vorschubspindel der x-Achse hat eine Steigung von 4 mm je Umdrehung und der Schrittmotor ist direkt mit der Spindel gekuppelt. Im Halbschrittbetrieb der Steuerung, der zu empfehlen ist, braucht der Motor 400 Schrittimpulse, um eine Umdrehung zu machen. Diese 400 Schritte, geteilt durch die Spindelsteigung, ergeben 100 Schritte je Millimeter. Diesen Wert tragen Sie bei „Steps

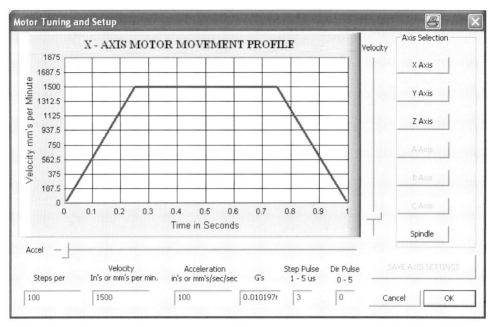

Abb. 132: Der Dialog zur Einstellung der x-Achse

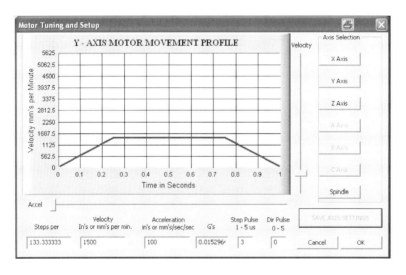

Abb. 133: Der Dialog zur Einstellung der y-Achse

per Unit" ein. Wenn Sie eine andere Spindelsteigung verwenden, können Sie sich den Wert leicht selbst ausrechnen. Ich verwende bei meiner Maschine eine „Velocity", also eine maximale Eilganggeschwindigkeit in der x-Achse von 3000 mm/min und eine „Acceleration" (Beschleunigung) von 250 mm/sec². Mit diesen Werten können Sie natürlich experimentieren, wie im ersten Buch beschrieben. Wenn Sie fertig sind, klicken Sie auf „Save Axis Settings" und öffnen danach den Dialog für die y-Achse.

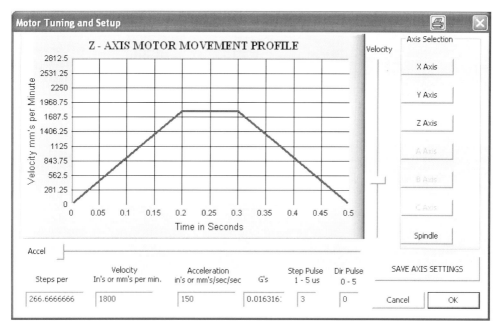

Abb. 134: Der Dialog zur Einstellung der z-Achse

Die y-Achse hat eine Spindelsteigung von 3 mm, also ist der Wert für „Steps per Unit" 400 : 3 = 133.333333. Die Werte für „Velocity" und „Acceleration" sind 2.500 mm/min und 200 mm/sec². Bei der z-Achse ist es etwas komplizierter. Die Spindelsteigung ist ebenfalls 3 mm, es gibt aber noch eine Untersetzung von 2:1. „Steps per Unit" ist also 400 : 3 × 2 = 266.666666. Die Werte für „Velocity" und „Acceleration" sind etwas höher, weil die Achse ja mit einer Untersetzung angetrieben wird.

12.13.5. Einstellen des Spindelspiels (Backlash)

Um das Umkehrspiel in den Achsantrieben genau zu kompensieren, müssen Sie es zunächst messen. Dazu dient ein Aufbau wie der in Abb. 135 gezeigte. Ich habe dazu eine Stahlplatte an den Werkzeugträger geschraubt, auf welcher der Magnet des Messuhrenhalters sicher haftet. Achten Sie darauf, dass die Achse der Messuhr genau parallel zur Maschinenachse verläuft, sonst machen Sie Fehlmessungen.

Stellen Sie zunächst sicher, dass die Kompensation des Spindelspiels ausgeschaltet ist. Das geschieht über den Dialog „Backlash", in dem Sie das Häkchen bei „Backlash enabled" entfernen und auf „OK" klicken. Holen Sie dann die „Jog-Kontrolle" auf den Bildschirm, indem Sie die Tabulator-Taste betätigen. Klicken Sie auf „Cycle Jog Step", bis die Anzeige darunter auf „0.0100" steht. Danach klicken Sie auf „Jog Mode", bis das Feld „Step" gelb ist. Sie haben die Software nun so eingestellt, dass bei jeder Betätigung einer Cursortaste die jeweils gewählte Achse um 0,01 mm bewegt wird. Fahren Sie die Achse jetzt solange in eine Richtung, bis die Messuhr sich bei jedem Schritt bewegt. Lassen Sie sich nicht verblüffen, nicht jeder Schritt bewegt die Messuhr wirklich genau um 0,01 mm. Das liegt an der Rechenweise der Software, die wohl intern mit Zoll statt mit Millimetern arbeitet.

Stellen Sie die Messuhr genau auf Null. Fahren Sie dann die Achse in gesetzter Richtung und zählen Sie die Tastenanschläge, die

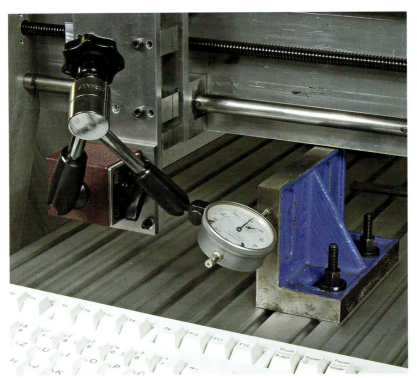

Abb. 135: Aufbau zur Messung des Spindelspiels (Backlash)

benötigt werden, um die Achse um 0,1 mm zu verfahren. Von den gezählten Tastenanschlägen ziehen Sie zehn ab (10 × 0,01 = 0,1) und tragen den Rest im Dialog Backlash in das Feld „Backlash Distance in units" der entsprechenden Achse ein. Wenn Sie zum Beispiel 21 Tastenanschläge gebraucht haben, tragen Sie „0.11" ein. Setzen Sie das Häkchen bei „Backlash enabled" und bestätigen Sie mit OK. Testen Sie jetzt die Einstellung, in dem Sie die Achse jeweils um 0,1 mm hin- und herfahren. Sie sollten für beide Richtungen zehn Tastenanschläge benötigen, andernfalls müssen Sie die Einstellung noch einmal korrigieren. Den Wert „Backlash Speed of Max." lassen sie auf 20 % stehen. Probieren Sie ruhig auch größere Verfahrwege aus. Übrigens habe ich festgestellt, dass bei eingeschalteter Spielkompensation manchmal ein „klopfendes" Geräusch auftritt. Das scheint aber harmlos zu sein.

12.13.6. Test der Konfiguration

Testen Sie abschließend die Konfiguration, so wie in Buch 1 im Kapitel „Der Diagnose-Bildschirm" beschrieben. Denken Sie daran, dass bei Betätigung der Schalter X--, Y-- und Z++ sowohl das Signal „Limit" als auch das Signal „Home" aufleuchten sollen. Bei den Schaltern X++ und Y++ leuchten beide „Limit"-Signale gleichzeitig auf, die „Home"-Signale jedoch nicht. Sind Sie der Ansicht, dass sich alle Schalter und Signale korrekt verhalten und die Motoren in der richtigen Drehrichtung laufen, dann starten Sie eine Referenzfahrt, indem Sie im Bildschirm „Program Run" auf „REF ALL HOME" klicken. Danach sollten x- und y-Achse in Minusrichtung, die z-Achse in Plusrichtung fahren, bis der zugehörige Schalter geschlossen ist. Anschließend fahren die Achsen in die Gegenrichtung, bis sich der Schalter wieder öffnet. Die Maschine ist dann am Referenzpunkt und arbeitsbereit.

13. Bau der Frässpindel

Bei der folgenden Baubeschreibung gehe ich davon aus, dass Sie die Luxusausführung der Frässpindel mit der Blockiereinrichtung bauen wollen. Ist das nicht der Fall, dann stellen Sie die Bohrung mit 16 mm und die zugehörige Querbohrung im Spindelgehäuse nicht her. Auch die beiden Nuten in der Spindel lassen Sie weg. Ebenso entfallen die Teile Spindel.6, Spindel.7 und Spindel.8. Stattdessen müssen Sie zwei Querbohrungen mit 5 mm Durchmesser über dem Gewinde mit M22 × 1,5 anbringen. Dann können Sie mit einem eingesteckten Stück 5-mm-Rundstahl die Spindel festhalten, wenn Sie die Spannzangenmutter anziehen oder lösen wollen.

13.1. Spindel

Bringen Sie zunächst das Rohteil auf Länge, drehen Sie die Enden plan und bringen Sie an beiden Enden Zentrierbohrungen an. Da Sie vermutlich (so wie ich) keine Drehmaschine mit einer Spindelbohrung von mindestens 24 mm besitzen, müssen Sie das Rohteil mit einer feststehenden Lünette abstützen. Dazu spannen Sie das Rohteil zunächst ins Dreibackenfutter, schieben die Lünette bis an das Futter und stellen die Backen der Lünette so ein, dass das Teil leicht, aber ohne Spiel in der Lünette läuft. Danach schieben Sie die Lünette nach rechts und spannen das Teil nur ganz kurz ins Futter ein, so wie in Abb. 136 gezeigt.

Abb. 136: Einbringen der Zentrierbohrungen in den Rohling der Spindel. Beachten Sie die Einspannung im Futter (siehe Text)

Wenn Sie das Teil nämlich bis zum Anschlag ins Futter spannen, windet es sich durch den unvermeidlichen Rundlauffehler des Futters aus den Futterbacken heraus, weil die Lünette am anderen Ende den genauen Rundlauf des Teils erzwingt. „Knallen" Sie dabei die Futterbacken nicht an, weil das eigentlich nicht die richtige Art ist, ein Werkstück im Futter zu spannen.

Nach der Herstellung der Zentrierbohrungen spannen Sie das Rohteil zwischen die Spitzen der Drehmaschine, dabei spannen Sie ein Drehherz auf das spindelstockseitige Ende (siehe Abb. 137). Auf die Spindel der Drehmaschine haben Sie vorher die Mitnehmerscheibe mit dem Mitnehmerstift montiert. Drehen Sie dann die äußeren Konturen der Spindel. Dabei müssen Sie einmal umspannen. Die Lagersitze sollten Sie jetzt noch nicht auf Endmaß drehen. Das Ergebnis zeigt Abb. 138.

Nun folgt das Schneiden der Außengewinde mit M22 × 1,5 und M 15 × 1. Dazu gibt es verschiedene Methoden, ich erkläre hier nur sehr knapp meine Art des Gewindeschneidens. Mehr zu dem Thema finden Sie in der einschlägigen Literatur, zum Beispiel in dem Buch von Jürgen Eichardt „Drehen für Modellbauer, Band 2" aus dem vth-Verlag.

Das größte Problem beim Gewindeschneiden gegen eine Schulter auf der Drehmaschine ist meines Erachtens der Antrieb. Sie müssen in der Lage sein, die Drehmaschinenspindel genau in dem Moment zu stoppen, in dem der Gewindedrehstahl den Gewindeauslauf erreicht, andernfalls droht ein Desaster in Form eines verdorbenen Werkstücks und/oder eines abgebrochenen Gewindedrehstahls. Ich habe zu diesem Zweck vor längerer Zeit meine Maschine auf Drehstromantrieb mit Frequenzumrichter umgebaut. Seitdem kann ich über einen Regler die Spindeldrehzahl praktisch beliebig einstellen, bis herunter auf einige wenige Umdrehungen je Minute. Damit ist Gewindeschneiden bei etwas Konzentration kein Problem. Verfügt Ihre Maschine

Abb. 137: Der Rohling der Spindel zwischen den Spitzen gespannt – fertig für die Bearbeitung

Abb. 138: Die fertig gedrehten Konturen der Spindel

nicht über einen regelbaren Antrieb, dann rate ich Ihnen, die Spindel von Hand zu drehen. Das ist bei den recht kurzen Gewinden kein Problem. Vor dem Umbau meiner Maschine habe ich das jahrelang so gemacht. Dazu hatte ich eine Handkurbel, die ich in der Drehmaschinenspindel mit einer spannzangenartigen Vorrichtung festklemmen konnte.

Der nächste Schritt ist, die Wechselräder der Maschine auf die richtige Gewindesteigung einzustellen. Dabei hilft Ihnen die Bedienungsanleitung der Maschine oder die

Literatur (z. B. das Buch von Jürgen Eichardt).

Verstellen Sie nun den Oberschlitten der Maschine um 60° zur Maschinenachse. Spannen Sie dann einen Gewindestahl mit 60° Spitzenwinkel so ein, dass er genau rechtwinklig zur Maschinenachse steht. Achten Sie darauf, dass der Stahl auf die Spitzenhöhe der Drehmaschine eingestellt ist. Fahren Sie den Support nach links, bis der Drehstahl auf dem unfertigen Gewinde steht und stellen Sie den Querschlitten so ein, dass der Stahl gerade auf dem Werkstück kratzt. Stellen Sie in dieser Position die Skalenringe von Quer- und Oberschlitten auf Null.

Fahren Sie den Support nach links, vor den Anfang des Gewindes und schließen Sie die Schlossmutter des Supports. Drehen Sie dann die Maschinenspindel und lassen Sie den Drehstahl bis in den Gewindeauslauf fahren. Der Stahl sollte jetzt eine Spirale auf das Werkstück gezeichnet haben. Messen Sie die Gewindesteigung, um sicherzustellen, dass die Wechselräder richtig eingestellt sind.

Ist alles in Ordnung, drehen Sie den Querschlitten um ca. 1 mm zurück und fahren den Drehstahl durch Rückwärtsdrehen der Maschinenspindel wieder an den Gewindeanfang. Stellen Sie den Querschlitten dann auf Null und mit dem Oberschlitten um ca. 0,1 mm zu. Wenn Sie jetzt die Maschinen wieder vorwärts drehen, wird der erste Span des neuen Gewindes geschnitten. Sie stellen also nur mit dem Oberschlitten zu, die Verstellung des Querschlittens dient einzig dazu, den Gewindestahl beim Zurückfahren außer Eingriff zu bringen.

Diese Vorgänge wiederholen Sie, bis das Gewinde fertig geschnitten ist. Dabei müssen Sie die Zustellung des Oberschlittens schrittweise verringern, weil ein immer größerer Teil der linken Flanke des Drehstahls in Eingriff kommt und damit der abgenommene Span breiter wird. Wenn Sie die Spindel von Hand drehen, merken Sie das am zunehmenden Drehwiderstand. Die Verwendung von Schneidflüssigkeit ist dabei auch keine schlechte Idee.

Abb. 139: Schneiden des M15-Gewindes auf der Drehmaschine. Beachten Sie, dass das Drehherz an den Mitnehmerstift gebunden ist

Sie könnten natürlich am Ende des Gewindes auch die Schlossmutter öffnen, den Support mit dem Handrad zurückfahren und die Schlossmutter wieder schließen. Allerdings würde ich das nur machen, wenn die Maschine eine Gewindeuhr hat, die sicherstellt, dass die Schlossmutter in der richtigen Stellung der Leitspindel geschlossen wird, andernfalls gibt es ein Desaster. Weil meine Maschine eine Leitspindel mit Zollteilung hat, darf ich die Schlossmutter bei metrischen Gewinden überhaupt nicht öffnen, ich würde die richtige Stellung zum Schließen der Schlossmutter niemals wieder finden.

Sehr wichtig ist übrigens, dass Sie das Drehherz mit einem Kabelbinder am Stift der Mitnehmerscheibe befestigen und den Kabelbinder anschließend kurz abschneiden. Andernfalls kann es passieren, dass sich das Werkstück verdreht und der Gewindestahl nicht richtig in den bereits geschnittenen Gewindegang einspurt – ein weiteres mögliches Desaster. Ob das Gewinde fertig ist, prüfen Sie mit der M15-Wellenmutter oder der Schließmutter für die Spannzangen. Das müssen Sie vermutlich öfter machen, bis es passt.

Übrigens, wenn Sie noch nie auf diese Art ein Gewinde auf der Drehmaschine geschnitten haben, sollten Sie erst an Abfallteilen üben, das Verfahren liest sich leichter, als es in Wirklichkeit ist. Ich habe zum Beispiel oft Schwierigkeiten mit der Konzentration auf die korrekten Bewegungsabläufe – das liegt nicht nur an meinem Alter.

Passen Sie auf, wenn Sie das Teil umspannen. Wenn Sie das Drehherz auf das bereits geschnittene Gewinde montieren, laufen Sie Gefahr, die Gewindegänge zu zerdrücken. Vermeiden Sie das, indem Sie einen Streifen Bleiblech (vom Dachdecker) um das Gewinde und unter die Drehherz-Schraube ein Stückchen Messing legen.

Bis jetzt sollte das Teil vollständig abgekühlt sein, so dass Sie die Lagersitze auf Maß drehen können (das hätte sich vorher vielleicht auch nicht gelohnt, weil Sie ein

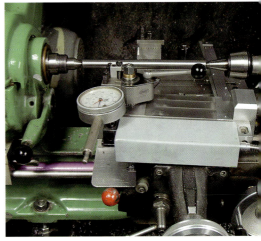

Abb. 140: Einstellen des Oberschlittens zum Drehen des Innenkegels

Gewinde verdorben haben!). Die Lager sollten einen leichten Schiebesitz, aber kein fühlbares Spiel haben.

Nun folgt eine weitere schwierige Operation, nämlich das Drehen des Innenkegels für die Spannzangen in der Spindelspitze. Dazu müssen Sie den Oberschlitten auf genau 8° zur Drehachse einstellen. Und das geht so:

Ich gehe davon aus, dass der Oberschlitten Ihrer Maschine einen Verfahrweg von mindestens 60 mm hat. Ist das nicht der Fall, müssen Sie die Maße entsprechend anpassen. Fertigen Sie zunächst das Teil Spindel.9 an. Dazu drehen Sie ein Stück 16-mm-Rundstahl an beiden Enden plan und bringen in diese Zentrierbohrungen ein. Spannen Sie das Teil zwischen die Spitzen der Drehmaschine und drehen Sie die Absätze mit 15,6 mm genau auf gleiches Maß. Dabei ist nicht das absolute Maß wichtig, sondern dass beide Absätze gleich sind. Setzen Sie jetzt eine Messuhr mit Kugelspitze in den Stahlhalter und bringen Sie die Spitze der Messuhr auf die Spitzenhöhe der Drehbank. Drehen Sie den Stahlhalter so, dass die Achse der Messuhr im rechten Winkel zum Oberschlitten steht. Verstellen Sie den Oberschlitten grob um 8° und zwar so, dass beim Zustellen des

Schlittens Richtung Spindelstock der Drehdurchmesser kleiner wird.

Fahren Sie den Oberschlitten ganz in Richtung Reitstock zurück, setzen Sie die Spitze der Messuhr auf den hinteren Absatz des Teils Spindel.9 und verstellen Sie den Quersupport, bis die Messuhr auf Null steht. Klemmen Sie, wenn möglich, den Quersupport. Wenn Sie jetzt den Oberschlitten genau 60 mm in Richtung Spindelstock verstellen und die Spitze der Messuhr auf den vorderen Absatz des Teils Spindel.9 setzen, dann sollte die Messuhr im Idealfall 8,43 mm anzeigen. Dieses Maß errechnet sich nach der Winkelfunktion:
Gegenkathete = Ankathete × Tangens des Winkels alpha

Die Ankathete ist der Verfahrweg des Oberschlittens gleich 60 mm. Der Winkel alpha beträgt in unserem Fall 8°. Um den Tangens von alpha zu ermitteln, brauchen Sie eine Tabelle der Winkelfunktionen, die Sie in einschlägigen Mathematikbüchern und Formelsammlungen finden oder indem Sie in einem Microsoft Excel-Arbeitsblatt in eine Zelle „= TAN(BOGENMASS(8))" eingeben. Das Ergebnis sollte 0,1405 sein. Verfährt Ihr Oberschlitten zum Beispiel um 50 mm, dann ergibt sich nach der Formel ein Querweg des Drehstahls von 7,025 mm.

Es gibt auch eine alternative, meines Erachtens falsche Methode, die man des Öfteren in der Literatur findet. Dabei wird die Achse der Messuhr im rechten Winkel zur Drehachse der Maschine eingestellt. Der Abstand errechnet sich in diesem Fall nach der Winkelfunktion:
Gegenkathete = Hypothenuse × Sinus des Winkels alpha

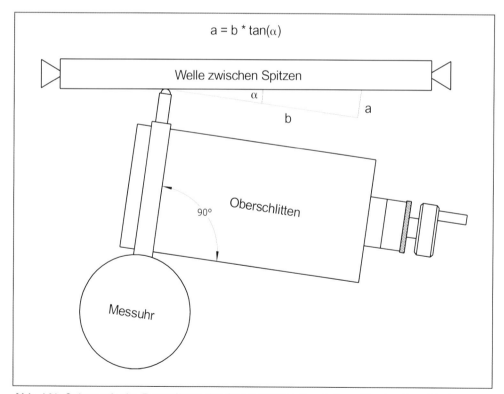

Abb. 141: Schematische Darstellung der Oberschlitten-Verstellung für das Kegeldrehen. Die richtige Methode

$$a = c \cdot \sin(\alpha)$$

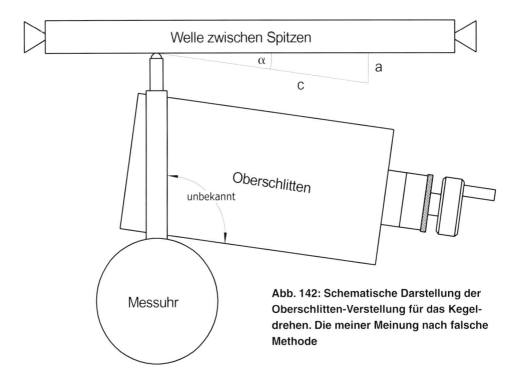

Abb. 142: Schematische Darstellung der Oberschlitten-Verstellung für das Kegeldrehen. Die meiner Meinung nach falsche Methode

Das Problem dieses Verfahrens ist, dass man nach jeder Verstellung des Oberschlittens den Winkel der Messuhr zur Maschinenachse korrigieren müsste, das Verfahren setzt ja voraus, dass die Messuhr immer rechtwinklig zur Maschinenachse steht. Weil das schwierig und lästig ist, ziehe ich das erste Verfahren vor.

Weil der Winkel vermutlich nicht auf Anhieb stimmt, müssen Sie den Oberschlitten mehrmals verstellen und den Messvorgang entsprechend wiederholen. Zeigte die Messuhr einen größeren Wert an, dann ist der Winkel zu groß und Sie müssen das Ende des Oberschlittens (dort, wo das Handrad ist) von sich weg schwenken. Bei einem zu geringen Wert müssen Sie den Oberschlitten in die andere Richtung verstellen.

Wenn alles stimmt, sorgen Sie dafür, dass sich der Winkel des Oberschlittens nicht mehr verstellen kann.

Das Problem ist nun, dass der Kegel absolut zentrisch zu den Lagersitzen der Spindel laufen muss, andernfalls läuft alles, was Sie in die Spannzangen spannen, unrund. Um das zu erreichen, wenden wir einen alten Drehertrick an. Dort, wo das Werkstück innen bearbeitet werden soll, wird es in die Lünette gespannt. Am anderen Ende (spindelstockseitig) können Sie es mit der Drehbankspitze in der vorhandenen Zentrierbohrung zentrisch halten. Das Problem ist hier nur, dass der Gegendruck fehlt und das Teil von der Spitze herunterfällt. Außerdem muss das Teil ja noch in Drehung versetzt werden. Diesem Zweck dient der Mitnehmer Spindel.3, den Sie spätestens jetzt anfertigen müssen.

Bringen Sie zunächst nur die Bohrung mit 8 mm ein, dann stecken Sie das Ende der Spindel in die Bohrung und bringen auf der Bohrmaschine die Querbohrung mit 3 mm ein, die durch das Spindelende hindurchgeht.

Abb. 143: Die Spindel fertig eingespannt zum Drehen des Innenkegels (der hier schon fertig ist)

Mit einem Stück 3-mm-Rundstahl und, wenn nötig, etwas Loctite 603 sichern Sie den Mitnehmer auf der Spindel. Früher hätte nun der Dreher den Mitnehmer mit Lederriemen an der Planscheibe befestigt und die Riemen vorher etwas nass gemacht, damit sie sich zusammenziehen. Sie können das natürlich aus Nostalgie auch so machen, ich bevorzuge jedoch Kabelbinder. Bevor Sie den Mitnehmer festbinden, schieben Sie ein Kugellager auf den Lagersitz am „dicken" Ende und spannen die Spindel zwischen die Spitzen. Spannen Sie dann das Lager in die Lünette und befestigen Sie den Mitnehmer an der Planscheibe.

Bohren Sie jetzt die Spindel vorsichtig mit Spiralbohrern bis auf 10 mm Durchmesser und 50 mm tief aus. Gehen Sie dabei langsam vor und benutzen Sie viel Schneidöl. Achten Sie darauf, den Bohrer oft zurückzuziehen, um die Späne zu entfernen. Die Spindel sollte möglichst nicht heiß werden, sonst droht Verzug.

Mit dem Bohrstahl drehen Sie nun die Öffnung auf 11 mm auf. Dazu dürfen Sie natürlich nicht den Oberschlitten benutzen, weil Sie ja sonst konisch drehen würden. Mit dem Oberschlitten drehen Sie dann den konischen Teil der Spannzangenhalterung. Achten Sie darauf, die Bohrung nicht zu groß werden zu lassen, Sie können sonst die Spannzangen mit der Mutter nicht mehr vollständig schließen. Überprüfen Sie dies einfach ab und zu mit einer Spannzange. Wird die Bohrung trotz aller Vorsicht zu groß, drehen Sie den Gewindeteil vorne kürzer, bis die Spannzange vollständig auf das untere Nennmaß geschlossen werden kann. Eine zu kleine Bohrung ist aber auch nicht gut, weil dann die Spannzange zu wenig Führung hat.

Bevor Sie jetzt den Mitnchmer abnehmen, bringen Sie die gegenüberliegenden Ausfräsungen in der Spindel an. Eigentlich würde eine reichen, ich ziehe aber zwei vor,

▶ Abb. 144: Prüfen des Innenkegels mit einer Spannzange

◀ Abb. 145: Prüfen, ob sich die Spannzange komplett schließt

▶ Abb. 146: Lohn der Angst: Der Rundlauffehler ist kleiner als 0,03 mm. Dabei haben die Spannzangen natürlich auch eine Toleranz!

Abb. 147: Fräsen der Aussparungen in der Spindel. Der Mitnehmer hilft, die Aussparungen so anzubringen, dass sie sich genau gegenüberliegen

Abb. 148: Spindel mit eingefräster Nut für die Blockiervorrichtung

einerseits wegen der (minimalen) Gefahr des Verzugs, andererseits, um keine Unwucht zu haben, die sich bei Drehzahlen von 20.000 U/min bemerkbar machen dürfte. Der Mitnehmer hilft Ihnen dabei, die Aussparungen so zu fräsen, dass sie sich genau gegenüberliegen (siehe Foto).

13.2. Gehäuse

Auch das Gehäuse ist ein nicht ganz einfaches Drehteil, das leider nur mit Tricks zu bearbeiten ist.

Reißen Sie zunächst den Mittelpunkt an einem Ende des Rohlings an und bringen Sie eine Zentrierbohrung ein. Anschließend span-

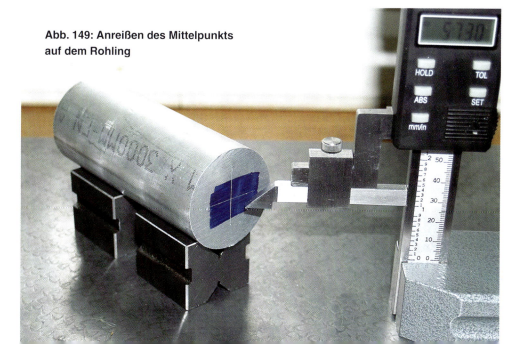

Abb. 149: Anreißen des Mittelpunkts auf dem Rohling

Abb. 150: Einbringen der Zentrierbohrung

nen Sie den Rohling an einem Ende (knapp, siehe oben!) ins Dreibackenfutter und stützen das andere Ende mit der Reitstockspitze ab. Überdrehen Sie den Rohling dann leicht am Reitstockende auf ca. 30 mm Länge, so dass dieser Bereich rund läuft. Schieben Sie die Lünette über das Ende des Rohteils und justieren Sie die Backen, während das Teil mit der Reitstockspitze gehalten wird. Spannen Sie den Rohling nicht aus dem Futter aus! Es ist wichtig, den Bereich, der in der Lünette läuft, gut zu schmieren, zum Beispiel mit Molykotefett, denn Aluminium und die Bronze der Lünettenbacken sind keine gute Gleitpaarung, das Aluminium neigt zum Fressen. Drehen Sie anschließend das Ende des Rohlings plan.

Bohren Sie jetzt das zukünftige Spindelgehäuse mit Spiralbohrern so groß wie möglich und mindestens 55 mm tief aus. Mit dem Bohrstahl vergrößern Sie die Bohrung auf 35 mm Durchmesser und 51,4 mm Tiefe. Beach-

Abb. 151: Einstellen der Lünette

Abb. 152: Anreißen der drei Schraubenlöcher im Spindelgehäuse

Abb. 153: Das Spindelgehäuse mit den Befestigungsbohrungen

ten Sie, dass die 35 mm das Maß für den Lagersitz sind. Prüfen Sie mit einem Kugellager nach, ob sich das Lager leicht, mit möglichst wenig Spiel, bis zum Ende einschieben lässt. Wenn das Spiel zu gering ist, besteht die Gefahr, dass sich das Lager im Sitz verkantet, so dass Sie es nicht mehr so einfach herausbekommen. Passen Sie vor allen Dingen auf, wenn das Spindelgehäuse bei der Bearbeitung heiß geworden ist (sehr wahrscheinlich!), es kann das Lager sonst beim Abkühlen festklemmen. Das Beste ist, wenn Sie vor dem Fertigdrehen des Sitzes alles abkühlen lassen. Denken Sie auch daran, dass Sie bei einer so tiefen Bohrung den Bohrstahl mehrmals „leer", ohne Zustellung, durchlaufen lassen müssen, die Bohrung wird sonst konisch, weil der Bohrstahl federt.

Wenn das Lager etwas zu viel Spiel hat (ca. 0,1 mm, es sollte nicht wirklich „schlackern"), dann ist das nicht tragisch. Die Lager werden später mit Loctite 603 eingeklebt, das gleicht ein wenig Spiel aus.

Nach Fertigstellung der Lagerbohrung stechen Sie mit einem spitzen Drehstahl außen im Abstand von 12,6 mm eine dünne Anreißlinie ein. Nehmen Sie dann ein geeignetes Stück Metall und stützen Sie damit eine Backe des Dreibackenfutters gegen das Drehbankbett ab. Fahren Sie mit dem Drehstahl längs über das Spindelgehäuse und markieren Sie so die Position für das erste Schraubenloch. Das Gleiche machen Sie mit den beiden restlichen Löchern.

Richten Sie den Maschinenschraubstock der Fräsmaschine so aus, dass das Zentrum der Frässpindel um den äußeren Radius des Spindelgehäuses (nominell 25 mm) von der festen Schraubstockbacke entfernt ist. Spannen Sie einen Zentrumsbohrer ein. Spannen Sie das Spindelgehäuse

◄ Abb. 154: Das Spindelgehäuse, auf dem Adapter befestigt und mit der Reitstockspitze abgestützt

► Abb. 155: Ausdrehen des Lagersitzes im Spindelgehäuse

◄ Abb. 156: Der Einspannhals mit 43 mm Durchmesser wird gedreht

dann so in den Maschinenschraubstock, dass der Anriss für das erste Schraubenloch unter dem Zentrumsbohrer liegt. Danach bringen Sie die Zentrumsbohrung ein und bohren auf 4 mm auf. Genau so verfahren Sie auch für die restlichen beiden Löcher.

Spannen Sie ein Stück Rundstahl, Aluminium oder Messing (was auch immer zur Hand ist) mit mindestens 36 mm Durchmesser in die Drehmaschine, der Rohling muss um 52–55 mm über die Futterbacken ragen. Bringen Sie eine Zentrierbohrung an und stützen Sie den Rohling mit der Reitstockspitze ab. Drehen Sie den Adapter auf 35 mm Durchmesser und 50 mm Länge ab, so dass sich das Gehäuse möglichst spielfrei, aber auch ohne Verkanten aufschieben lässt. Dabei hilft ein wenig Öl.

Durch die vorher gebohrten Löcher von 4 mm bohren Sie mit einer Handbohrmaschine ca. 10 mm tief mit 4 mm Durchmesser in den Adapter hinein. Ziehen Sie das Spindelgehäuse wieder ab und bohren Sie die Löcher darin auf 5,2 mm auf. Stellen Sie in diesem Arbeitsgang auch die Senkungen für die Schraubenköpfe her, die eher zu tief als zu flach sein sollten.

Stecken Sie das Gehäuse wieder auf und schneiden Sie die M5-Gewinde, benutzen Sie dabei die Löcher im Gehäuse als Führung für den Gewindebohrer. Setzen Sie das Gehäuse wieder auf und befestigen Sie es mit Senkkopfschrauben à M5 × 16.

Drehen Sie nun das Gehäuse auf die Länge von 122,6 mm plan. Stellen Sie dann die Bohrung mit ca. 31,2 mm Durchmesser und 71,5 mm Tiefe her. Den Lagersitz drehen Sie 10 mm tief auf genau 35 mm aus (Lagersitz!). Zum Schluss entfernen Sie die Lünette, stecken ein Kugellager in den Sitz und stützen das Gehäuse mit der Reitstockspitze ab. Nachdem Sie das Gehäuse außen für die Optik leicht überdreht haben, drehen Sie noch den Einspannhals mit 43 mm Durchmesser, fasen die Kanten an und können das fertige Teil schließlich vom Adapter abnehmen.

Abb. 157: Herstellen der Bohrung im Spindelgehäuse mit dem Ausdrehkopf

In der Fräsmaschine stellen Sie anschließend die restlichen Bohrungen her, für die mit 16 mm Durchmesser benutzen Sie den Ausdrehkopf. Bei den Bohrungen, die seitlich angesetzt sind, müssen Sie zunächst mit einem passenden Fräser soweit vorbohren, bis sie eine ebene Fläche zum Ansetzen des Spiralbohrers haben. Achten Sie genau auf die Zeichnung, damit Sie die Bohrungen nicht spiegelbildlich anbringen! Das ist mir leider passiert. Richten Sie sich deshalb nicht nach dem Foto! Letztlich spielt es aber keine Rolle, Sie müssen dann nur konsequent so weitermachen.

13.3. Motorflansch

Der Motorflansch ist ein relativ einfaches Drehteil, das einem kaum Schwierigkeiten bereiten dürfte. Denken Sie nur daran, den Teilkreis der vier Bohrungen für den Motor gleich in der Drehmaschine anzureißen.

Abb. 158: Der fertige Motorflansch

13.5. Abdeckscheibe
Die Abdeckscheibe können Sie aus Aluminium oder Stahl anfertigen. Sie dient dazu, das untere Spindellager vor Staub und Kühlmittel zu schützen. Deshalb ist der Absatz von 0,2 mm Stärke sehr wichtig. Sie können ihn auch schmaler machen, so lange die Scheibe nicht am Spindelgehäuse schleift.

13.6. Halter des Spindelmotors
Der Halter dient dazu, den Spindelmotor abzustützen, weil sonst auf Grund der Länge der Spindel Schwingungen auftreten können. Der Halter ist ein einfaches Frästeil, bei dem ich erst eine durchgehende Quernut gefräst und dann das überschüssige Material mit zwei Schnitten auf der Bandsäge entfernt habe.

Die Positionen der drei Gewindekernlöcher zur Befestigung des Flanschs im Gehäuse markieren Sie am besten, nachdem Sie den Flansch in das Gehäuse gesteckt haben, mit einem 5,2-mm-Bohrer durch die Löcher im Spindelgehäuse.

Falls Sie einen anderen Antriebsmotor für die Spindel verwenden wollen, müssen Sie natürlich den Motorflansch entsprechend anpassen. Wenn Sie einen besonders drehmomentstarken Motor verwenden, müssen Sie gegebenenfalls eine andere Kupplung verwenden; das maximale Drehmoment der vorgeschlagenen Kupplung ist 1,7 Nm. Die nächstgrößere Kupplung verträgt 4 Nm, dafür müssen Sie aber den Motorflansch auf 25,5 mm ausdrehen und verlängern.((Abb. 158))

13.4. Blockiereinrichtung
Die Teile der Blockiereinrichtung (Spindel.6 bis Spindel.8) sind einfache Dreh- oder Frästeile. Die Senkung zum Einrasten der Kugel stellen Sie jetzt noch nicht her. Der Durchmesser der Querbohrung im Körper der Blockiereinrichtung hängt von der Größe der verwendeten Kugel ab. Auf Grund der vorhandenen Kugel habe ich 4,8 mm gewählt.

13.7. Montage
Zur Montage kleben Sie zunächst die beiden Kugellager mit Loctite 603 in das Spindelgehäuse, am besten nacheinander, damit Sie das Gehäuse zum Aushärten senkrecht stellen können. Lassen Sie das Loctite zwei bis drei Stunden aushärten.

Abb. 159: Spindel, Spannzange, Spannzangenmutter, Abdeckscheibe, Lager, Wellenmutter und eine Hälfte der Kupplung

Abb. 160: Die montierte Spindel

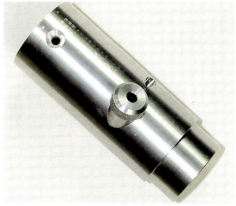

Abb. 161: Spindelgehäuse mit eingeklebter Blockiervorrichtung

Abb. 162: Blick in das Spindelgehäuse mit Blockiervorrichtung

Abb. 163: Herstellen der Senkung in der Welle der Blockiereinrichtung

Schieben Sie dann die Abdeckscheibe auf die Spindel und die Spindel selbst in das Gehäuse. Stellen Sie sicher, dass die Abdeckscheibe nicht am Gehäuse schleift. Ist alles in Ordnung, dann kleben Sie die Abdeckscheibe mit Loctite 603 auf die Spindel. Während des Aushärtens montieren Sie die Sperrvorrichtung, bestehend aus Spindel.6, Spindel.7 und Spindel.8. Geben Sie dabei etwas Öl oder Fett an die Welle von Spindel.8. Mit einer Senkkopfschraube à M3 × 6 wird der Drehknopf Spindel.7 auf der Welle Spindel.8 befestigt und mit einer Madenschraube à M4 × 6 gegen Verdrehen gesichert. Dabei kommt es darauf an, dass sich die Welle leicht, aber ohne Axialspiel im Körper der Blockiereinrichtung dreht. Gegebenenfalls müssen Sie die Länge der Welle oder die des Betätigungsknopfs anpassen.

Kleben Sie anschließend die Blockiereinrichtung mit Stabilit Express oder einem anderen Zweikomponentenkleber in das Spindelgehäuse. Loctite 480 geht natürlich auch, Sie haben aber sehr wenig Zeit zum Ausrichten. Klug wäre es, wenn Sie ein Stück M6-Gewindestange am Ende auf den Durchmesser der

Querbohrung im Körper der Blockiereinrichtung abdrehen würden. Damit können Sie die Blockiereinrichtung in der richtigen Position im Spindelgehäuse fixieren, während der Kleber abbindet. Wenn der Kleber fest ist, stellen Sie die Senkung in der Welle der Blockiereinrichtung mit einem passenden Spiralbohrer durch die Bohrung im Spindelgehäuse her. Achten Sie unbedingt darauf, dass die Blockiereinrichtung dabei in der ausgerasteten Position ist.

Beachten Sie die Unterstützung des Betätigungsknopfs. Das dient dazu, dass die Bohrung im Spindelgehäuse senkrecht steht und sich die Welle nicht drehen kann.

Schieben Sie dann die Spindel endgültig in das Spindelgehäuse und schrauben Sie die Wellenmutter auf. Das ist etwas fummelig, aber es geht. Stecken Sie einen Inbusschlüssel durch die entsprechende Bohrung im Spindelgehäuse in die Madenschraube der Wellenmutter. Indem Sie die Wellenmutter mit dem Inbusschlüssel festhalten, schrauben Sie die Mutter durch Drehen der Spindel gegen das obere Lager. Stellen Sie sicher, dass die Spindel sich leicht, aber ohne Spiel dreht und ziehen Sie die Madenschraube an.

Setzen Sie die Kugel und eine kleine Druckfeder in die Blockiervorrichtung und stellen Sie die richtige Spannung der Feder mit einer Madenschraube à M6 × 10 ein. Prüfen Sie die Blockiervorrichtung. Sie sollte leicht in die Spindel einrasten, wenn diese in der richtigen Position steht. In der ausgerasteten Position sollte die Blockiervorrichtung sicher von Kugel und Feder fixiert werden.

Drehen Sie nun einen Teil der Kupplung auf 8 mm aus, so wie bei der Antriebskupplung der Basis beschrieben. Diesen Teil setzen Sie auf das Ende der Spindel und ziehen die Madenschraube durch die zugehörige Bohrung im Spindelgehäuse fest. An die Madenschraube sollten Sie etwas Loctite 243 geben, aber nur, wenn Sie sicher sind, dass Sie das Kupplungsteil nicht mehr abnehmen müssen. Sollte das trotzdem passieren, müssen Sie einen Inbus-

Abb. 164: Die fertige Frässpindel mit der Motorsteuerung

schlüssel in die Madenschraube stecken und diesen mit eine Flamme auf ca. 200° erhitzen. Dadurch verliert das Loctite seine Bindung. Wenn Sie es mit Gewalt versuchen, zerstören Sie wahrscheinlich den Innensechskant der Madenschraube und dann geht nichts mehr!

Die andere Hälfte der Kupplung stecken Sie zusammen mit dem Zwischenteil auf die Motorwelle, ziehen die Klemmschraube aber nur so weit an, dass sich die Kupplung gerade noch auf der Motorwelle verschieben lässt. Stecken Sie den Motor auf den Flansch und schieben Sie den Flansch ins Gehäuse. Dabei achten Sie darauf, dass sich die Kupplungsteile so gegenüberstehen, dass die Kupplung eingreifen kann. Nehmen Sie dann den Motor wieder ab und ziehen Sie die Klemmschraube der Kupplung fest. Die Kupplung sollte nun an der richtigen Position auf der Motorwelle sitzen. Wenn Sie dem Verfahren misstrauen, können Sie die Position der Kupplung natürlich auch messtechnisch ermitteln.

Montieren Sie nun den Motor auf den Motorflansch und diesen in das Spindelgehäuse. Alles muss sich jetzt leicht und spielfrei drehen lassen.

13.8. Anschluss der Elektronik

Die Bauteile für die Elektronik des Spindelcontrollers montieren Sie nach Zeichnung (Gehäuse der Spindelsteuerung) auf der Grundplatte. Den Transformator können Sie endgültig erst nach dem Einbau der Grundplatte in das Gehäuse montieren, weil Sie die Grundplatte sonst nicht in das Gehäuse bekommen. Den Elektrolytkondensator befestigen Sie mit einem Kabelbinder. Die internen Verbindungen zwischen der Motorsteuerung und der Platine können Sie schon vor dem Einbau der Grundplatte herstellen. Nehmen Sie dafür Reste des 16-adrigen Kabels. Wenn der Transformator eine geteilte Primärwicklung hat, müssen Sie je ein Anschlusskabel der Wicklungen miteinander verbinden. Die anderen Enden schließen Sie einmal an den Ausgang Relay-1 der Platine und einmal an einen Pol der Netz-Anschlussklemme an. Den Ausgang Relay-2 der Platine verbinden Sie mit dem anderen Pol der Netz-Anschlussklemme. Denken Sie daran, den Schutzleiter des Netzkabels mit der Grundplatte zu verbinden! Wenn Sie sich nicht absolut sicher sind, was Sie tun, lassen Sie sich bitte von einem Fachmann helfen. Mit Netzspannung ist nicht zu spaßen!

Stellen Sie die restlichen Verbindungen nach Schaltplan her. Die Anschlussbelegung des Gleichrichters sehen Sie in Abb. 168. Achten Sie beim Anschluss des Elektrolytkondensators auf die Polung. Verbinden Sie das Kabel, das von dem 4-poligen Motorstecker am An-

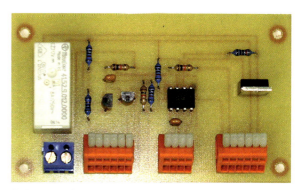

Abb. 166: Die bestückte Platine der Spindelsteuerung

schlusskasten Z kommt, mit den Klemmen 3, 4 und 5 der Motorsteuerung und das Kabel, das von der 9-poligen Buchse kommt, mit den Klemmen 6 bis 10 der Motorsteuerung. Notieren Sie sich die Anschlussbelegung von Stecker und Buchse, damit Sie später den Spindelmotor richtig anschließen können. Verbinden Sie dann die Adern des 16-poligen Kabels nach folgendem Schema mit der Platine:

Klemme	Anschluss	Farbe
S-INDEX	2	Gelb
S-INDEX	3	Grün
S-INDEX	4	Braun
INVERTER	1	Rot
INVERTER	2	Schwarz
INVERTER	3	Grau
INVERTER	5	Blau
INVERTER	6	Weiß

Anschließend verbinden Sie die Abschirmungen der Kabel mit der Grundplatte und schließen den Spindelmotor an. Prüfen Sie die DIP-Schalter der Motorsteuerung, auch „Mäuseklaviere" genannt. Die Stellung der sechs Schalter muss wie folgt sein:
- S1 – ON
- S2 – ON
- S3 – OFF
- S4 – OFF
- S5 – ON
- S6 – OFF

Abb. 165: Die Motorsteuerung der Frässpindel

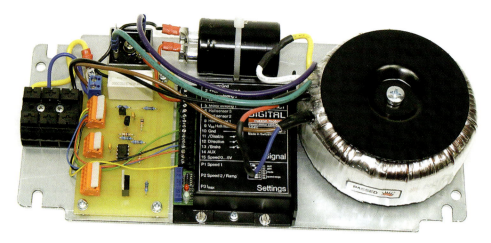

Abb. 167: Die vorverdrahtete Elektronik der Frässpindel, bereit zum Einbau in das Gehäuse

Widerstehen Sie möglichst der Versuchung, die Potenziometer an der Motorsteuerung zu verstellen. Die Werkseinstellung ist völlig in Ordnung.

Sie können nun den Spindelantrieb testen. Dazu starten Sie die Software „Mach3" und machen die Steuerung bereit (die LED „Enable" muss leuchten). Konfigurieren Sie dann die Spindelsteuerung. Dazu rufen Sie den Dialog „Config / Ports & Pins / Spindle Setup" auf. Unter „Motor Control" setzen Sie die Häkchen bei „Use Spindle Motor Output" und „PWM Control". Die „PWM Base Freq." setzen Sie auf „100". Damit haben Sie der Software mitgeteilt, dass sie ein so genanntes pulsbreitenmoduliertes Signal mit einer Frequenz von 100 Hz ausgeben soll. Daraus erzeugt die von mir entworfene Steuerung eine Regelspannung zwischen 0 und 10 Volt, die wiederum den Drehzahl-Sollwert für die Motorsteuerung darstellt. Die Maximaldrehzahl von 20 000 U/min müssen Sie bei „Pulley Ratio #1" angeben, „Mach3" begrenzt die Drehzahl sonst auf den dort eingegebenen Wert. Setzen Sie dann Häkchen bei „Closed Loop Spindle Control" und „Spindle Speed Averaging". Verändern Sie die Werte für „P", „I" und „D" nicht. Mit „Closed Loop Spindle Control" haben Sie eingestellt, dass „Mach3" die eingestellte Spindeldrehzahl konstant hält. Dazu wird die eingestellte Drehzahl (Soll) mit der zurückgemeldeten Drehzahl (Ist) verglichen und, wenn nötig, nachgeregelt.

Wichtig ist auch, bei „CW Delay Spin UP" und „CCW Delay Spin UP" mindestens drei Sekunden einzugeben. Das gibt dem Spindelmotor Zeit, auf Drehzahl zu kommen, bevor der Fräser in das Material eintaucht.

Nun zum Test: Auf dem ersten Bildschirm von „Mach3" (Program Run) finden Sie rechts unten einen Bereich mit der Überschrift „Spindle Speed". Klicken Sie in das Feld „S"

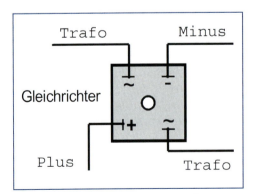

Abb. 168: Die Anschlussbelegung des Gleichrichters.

(Drehzahl), das daraufhin hell werden sollte. Geben Sie „10000" ein und betätigen Sie die Eingabetaste. Klicken Sie auf den Knopf „Spindle CW F5". Der Motor sollte sich nun rechtsherum drehen.

Wechseln Sie zum Bildschirm „MDI". Klicken Sie in das Feld „Input", das dadurch heller werden sollte. Geben Sie „M5" ein und bestätigen Sie mit der Eingabetaste. Der Motor sollte stoppen. Nach Eingabe von „M3" sollte sich der Motor wieder im Uhrzeigersinn drehen. Durch Eingabe von „S20000" lassen Sie den Motor mit 20.000 Umdrehungen laufen, sinngemäß können Sie so jede beliebige Drehzahl einstellen. Nach Eingabe vom „M5" (Stopp) und „M4" sollte sich der Motor im Gegenuhrzeigersinn drehen. Will der Motor sich überhaupt nicht drehen, dann prüfen Sie als Erstes, ob an der Motorsteuerung die grüne LED leuchtet. Falls nicht, kontrollieren Sie mit dem Voltmeter, ob an den Klemmen 1 und 2 der Motorsteuerung ca. 40 V Spannung anliegen. Ist das nicht der Fall, dann kontrollieren Sie die Netzspannungsversorgung und das Relais. Das Relais schaltet, sobald die Steuerung eingeschaltet ist. Kontrollieren Sie auch alle Kabelverbindungen noch einmal. Leuchtet oder blinkt die rote LED an der Motorsteuerung, dann ermitteln Sie den Fehlerzustand anhand der Bedienungsanleitung der Motorsteuerung.

Dreht sich der Motor, sollte die Rückmeldung der Spindeldrehzahl jetzt ebenfalls funktionieren; sie wird im Feld „Spindle Speed" unter „RPM" angezeigt.

14. Test der kompletten Maschine

Zunächst sollten Sie die Maschine vermessen. Dazu müssen Sie sich eine Möglichkeit schaffen, eine Messuhr an der z-Achse zu befestigen. Ich habe statt der Aufnahme für die Frässpindel eine Stahlplatte angeschraubt, an der der Magnet meines Messuhr-Halters haftet. Mit der an der z-Achse befestigten Messuhr fahren Sie dann eine Nut der Aufspannplatte in der z-Achse ab. Wenn Sie genau gearbeitet haben, sollten Sie nur sehr geringe Abweichungen über den gesamten Verfahrweg der x-Achse feststellen können. Haben Sie Abweichungen, die größer als 0,2–0,3 mm sind, dann sollten Sie den seitlichen Abstand der Führungswellen von der Aufspannplatte messen und gegebenenfalls die Stellung der Querträger zur Aufspannplatte korrigieren.

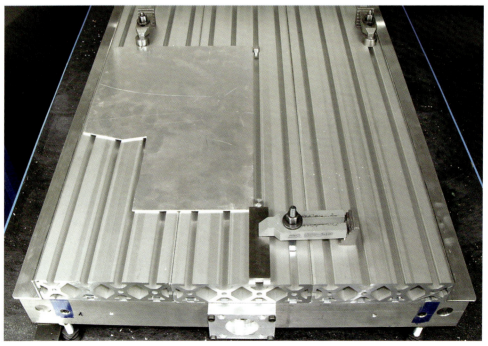

Abb. 169: Anordnung zum Messen der Winkligkeit des Portals im Verhältnis zur Aufspannplatte

Abb. 170: Das Lineal wird gegen die Rundstahl-Stücke gelegt und festgespannt

Prüfen Sie dann, ob die Höhe zwischen z-Achse und Aufspannplatte an allen Stellen der Aufspannplatte gleich ist. Denken Sie dabei daran, dass sich die Aufspannplatte zwischen den Nuten leicht (um ca. 0,2 mm) nach oben wölbt, wenn Ihre Aufspannplatte nicht plan gefräst ist. Sind die Höhen an beiden Enden der y-Achse stark unterschiedlich, dann ist das Portal nicht waagerecht. Gleichen Sie das durch entsprechende Zwischenlagen unter einem Portalseitenteil aus.

Um zu prüfen, ob das Portal rechtwinklig zur Aufspannplatte steht, brauchen Sie entweder einen sehr großen, genauen Winkel oder ein Stück Blech, möglichst lang und ungefähr 250 mm breit. Weiterhin brauchen Sie vier Spannpratzen, zwei Stücke 8-mm-Rundstahl und zwei sauber plan gedrehte Stücke Rundstahl von ca. 15 mm Durchmesser. Diese Teile ordnen Sie so auf der Aufspannplatte an, wie in Abb. 169 gezeigt.

Legen Sie das Blechstück zunächst an der einen Seite an und drücken Sie es fest gegen die Anschläge. Spannen Sie dann das eine Stück Rundstahl fest und markieren Sie seine Position an der Blechplatte. Legen Sie dann die Blechplatte um und spannen Sie das andere Stück Rundstahl an der gleichen Stelle der Blechplatte fest. Wenn Sie jetzt ein gerades Stück Stahl oder Aluminium als Lineal gegen die Rundstahlstücke legen, bildet es einen genauen rechten Winkel mit den Nuten der Aufspannplatte.

Spannen Sie das Lineal fest und entfernen Sie die Rundstahlstücke. Dann befestigen Sie eine Messuhr an der z-Achse und fahren das Lineal ab. Die Abweichung sollte gering, möglichst im unteren Zehntelmillimeterbereich sein. Bei größeren Abweichungen müssen Sie die Ausrichtung des Portals korrigieren.

Sind alle Prüfungen zu Ihrer Zufriedenheit ausgefallen und haben Sie eine Frässpindel in

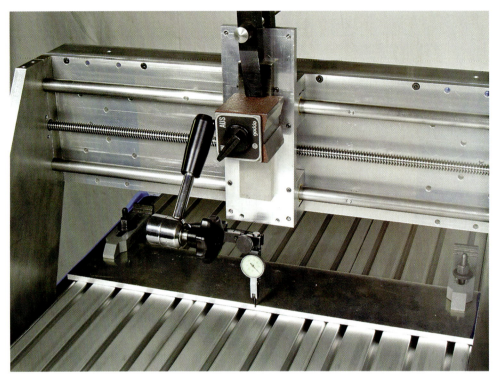

Abb. 171: Winkligkeit des Portals mit der Messuhr prüfen.

der Werkzeugaufnahme, dann ist die Maschine jetzt arbeitsbereit und Sie sollten die ersten Fräsversuche starten. Dazu eignen sich sehr gut die so genannten „Wizards" in „Mach3", das sind kleine Programme, mit denen Sie verschiedene geometrische Figuren, Lochkreise oder Schriften fräsen können. Die Größe der Objekte können Sie selbst anpassen.

Auf meiner Webseite www.einfach-cnc.de finden Sie im Servicebereich auch eine Reihe von Programmen zum Herunterladen, mit denen Sie Ihre Maschine testen können.

Im nächsten Buch dieser Reihe über das CNC-Fräsen geht es dann um die konkrete Herstellung von unterschiedlichen Werkstücken, beginnend mit dem Entwurf in einem CAD-Programm, weiter mit der Umsetzung der Zeichnung in ein Fräsprogramm, die Einrichtung der Maschine und schließlich das Fräsen in verschiedenen Materialien. Bis dieses Buch auf dem Markt ist, sind Sie sicher auch mit dem Bau Ihrer eigenen Fräsmaschine fertig, so dass Sie dann sofort durchstarten können. Viel Erfolg bis dahin!

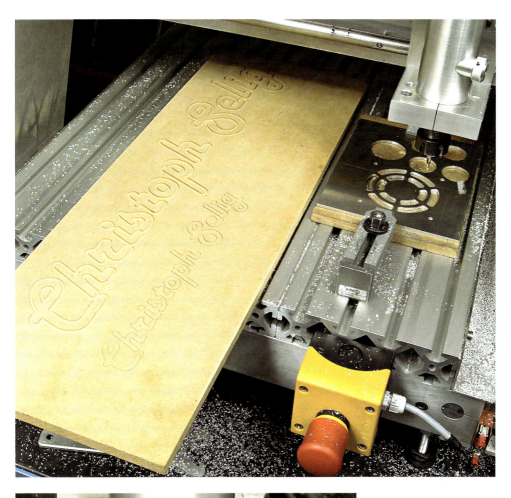

▲ Abb. 172: Erste Fräsversuche: mein Name, in zwei verschiedenen Größen in eine MDF-Platte gefräst, und ein Lüftergitter aus 3 mm starkem Aluminiumblech

◄ Abb. 173: Bohren eines Lochkreises mit 30 Löchern in eine Aluminiumplatte

15. Anhang

15.1. Konstruktionszeichnungen
Die kompletten Konstruktionszeichnungen, Stücklisten und Schaltpläne finden Sie auf meiner Homepage www.einfach-cnc.de als PDF-Dateien zum Herunterladen.

15.2. Bezugsquellen
In den folgenden Abschnitten finden Sie Bezugsquellen für die in den Stücklisten aufgeführten Materialien und Komponenten. Weitere Bezugsquellen und nützliche Links finden Sie auf meiner Webseite www.einfach-cnc.de.

15.2.1. Metalle und mechanische Bauteile
– www.wilmsmetall.de
Wilms Metallmarkt
Widdersdorfer Straße 215
50825 Köln
Stahl, Aluminium und sonstige Metalle

– www.wegertseder-schrauben.de
Wegertseder GmbH
Gewerbegebiet Dorfbach 5
94496 Ortenburg
Komplettes Sortiment von Schrauben und DIN-Teilen

– www.igus.de
igus GmbH
Spicher Straße 1 a
51147 Köln
Gleit- und Linearlager aus Kunststoff, Energieketten

– http://medias.ina.de/medias
Schaeffler KG
Industriestraße 1–3
91074 Herzogenaurach
Wälzlager und Linearlager

– www.isel.com
iselautomation GmbH & Co. KG
Bürgermeister-Ebert-Straße 40
36124 Eichenzell
Plan gefräste Aufspannplatten, Kugelgewindetriebe, Linearlager

– www.item-international.com/de
item Industrietechnik und Maschinenbau GmbH
Friedenstraße 107–109
42699 Solingen
Aluminiumprofilsysteme, Linearlager

– www.kritec-gmbh.de
KriTec GmbH
Königsberger Straße 12
58511 Lüdenscheid
Aluminiumprofilsysteme, Linearlager

– www.modellbauschraube.de
Versandhandel Gabriele Hüttl-Wagener
Gewerbering 29
41372 Niederkrüchten
Schrauben und Normteile, auch in sehr kleinen Größen

– www.maedler.de
Mädler GmbH
Tränkestraße 8
70597 Stuttgart
Antriebsteile, DIN-Teile

– www.deuss.de
DEUSS
Maschinen und Werkzeuge
Lohnskotter Weg 14
51069 Köln-Dünnwald
Maschinen, Werkzeuge, Isel-Kugelgewindespindeln

– www.wf-werkzeugtechnik.de
W&F Werkzeugtechnik GmbH
Kantstraße 4
72663 Großbettlingen
Spannzangen ER 16, Spannmuttern, Spannmittel allgemein

15.2.2. Elektronische Bauteile
– www.reichelt.de
Reichelt Elektronik e. Kfr.
Elektronikring 1, 26452 Sande
Gute Preise, schnelle Lieferung (zwei bis drei Tage), unproblematische Zahlung durch Abbuchung, relativ kleines Sortiment. Mein Lieblingslieferant

– www.rsonline.de
RS Components GmbH
Hessenring 13 b, 64546 Mörfelden-Walldorf
Gigantisches Sortiment, teuer, rasante Lieferung (praktisch immer am nächsten Tag), teilweise große Packungsgrößen. Registrieren auf der Webseite lohnt sich, weil dann für fast alle angebotenen Produkte Datenblätter heruntergeladen werden können

– www.conrad.de
Conrad Electronic GmbH
Klaus-Conrad-Straße 1
92240 Hirschau
Ebenfalls sehr umfangreiches Sortiment, nicht immer preiswert (vergleichen!)

15.2.3. Schrittmotoren
– www.nanotec.de
Nanotec Electronic GmbH & Co. KG
Gewerbestraße 11
85652 Landsham
Schrittmotoren und Elektronik

– www.orientalmotor.de
Oriental Motor (Europa) GmbH
Schiessstraße 74
D-40549 Düsseldorf
Schrittmotoren und Elektronik

– www.motionstep.de
motionstep
Stock- und Hausmann-Straße 12
D-47198 Duisburg
Schrittmotoren und Elektronik

15.3. Internet-Links
15.3.1. CNC-Foren
15.3.1.1. Mach2/Mach3 Benutzerforum
Hier sollten Sie reinschauen, wenn Sie Probleme mit „Mach2" oder „Mach 3" haben oder interessante Projekte kennen lernen möchten. Die Sprache ist allerdings Englisch. http://machsupport.com/forum

15.3.1.2. Roboternetz
Ein Forum für Menschen, die sich für den Bau von Robotern interessieren. Sehr interessante Projekte, auch Schrittmotor-Steuerungen.
www.roboternetz.de

15.3.1.3. Peters CNC-Ecke
Das ultimative Forum für alles, was mit CNC-Technik zu tun hat. Hier treffen sich neben den Hobbyisten auch die Profis.
www.cncecke.de

15.3.2. Private Netzseiten
– http://mitglied.lycos.de/dieter096/photoalbum3.html: Eine geradezu gigantische Portalfräsmaschine und eine komplett (!) selbst gebaute CNC-Drehbank. Respekt! Viele Fotos vom Bau der Fräsmaschine.

– www.iee.et.tu-dresden.de/~krupar/Bastelecke: Detaillierte Beschreibung des Baus einer Portalfräse mit vielen Fotos.

– www.fjungclaus.de/fbms/tech_data.htm: Hier geht es ebenfalls um den Bau einer großen Portalfräse. Unbedingt auf die erste Textzeile der Seite klicken, um den Navigationsbaum zu öffnen.

– www-users.rwth-aachen.de/Thorsten. Ostermann: Viele interessante Informationen und Anregungen zum Bau von Portalfräsen.

– www.selfmadecnc.de: Viel Grundsätzliches zur Elektronik und zum Betrieb einer Fräsmaschine.

15.3.3. Die Webseite des Autors
Auf www.einfach-cnc.de finden Sie Tipps, Hinweise und Fehlerkorrekturen. Die im Buch abgedruckten Fotos finden Sie in der Bildergalerie in voller Größe und in Farbe. Stücklisten, Konstruktionszeichnungen, Schaltpläne, Platinenfilme und Bestückungspläne gibt es dort zum Herunterladen.

Metalle in allen Qualitäten und Abmessungen

Stangen, Profile, Drähte, Bleche aus Messing, Kupfer, Rotguß, Bronze, Aluminium, Stahl, Edelstahl

mail@wilmsmetall.de • Internetshop: www.wilmsmetall.de

- Fordern Sie unsere Lager- und Preisliste an, natürlich kostenlos -

WILMS Metallmarkt
Widdersdorfer Straße 215 • 50825 Köln (Ehrenfeld)
Telefon 0221 / 54 66 80 • Telefax 0221 / 54 66 830
Geschäftszeiten: Montag - Freitag 8.^{00} Uhr bis 16.^{30} Uhr